數≒學＝（女×孩）

秘密筆記

複數篇

日本暢銷科普作家
結城浩 著

前師範大數學系教授兼主任
洪萬生 審訂

衛宮紘 譯

数学ガールの秘密ノート/複素数の広がり

獻給您

　　本書將由米爾迦、蒂蒂、由梨和「我」四人，展開一連串的數學對話。

　　若有讓你摸不著頭緒的故事情節或是看不懂的數學式，請先略過並繼續閱讀，用心去傾聽女孩們的對話。

　　這樣一來，你就也能加入這場數學對話中了。

登場人物介紹

「我」

> 高中生，本書的敘述者。
> 喜歡數學，尤其是數學公式。

由梨

> 國中生，「我」的表妹。
> 總是綁著栗色馬尾，喜歡邏輯思考。

蒂蒂

> 「我」的高中學妹，是位精力充沛的「元氣少女」。
> 俏麗短髮及閃亮大眼是她吸引人的特點。

米爾迦

> 「我」高中的同班同學，是位擅長數學的「健談才女」。
> 留著一頭烏黑亮麗的秀髮，配戴金屬框眼鏡。

C O N T E N T S

序章

這裡有點，
只是單獨的一個點。

有綿長的線，
無限延伸的一條線，
線上有著無數個點。

有廣大的面，
無限擴展的一個面，
面上有著無數多的點和線。

由點到線，
世界延長時，會發生什麼事呢？
由線到面，
想要擴展世界時，需要做什麼呢？

我在這裡，
只有一個人的我。

現在的我──應該何去何從呢？

第 1 章

直線上的來回

「兩數相乘後，會發生什麼不可思議的事呢？」

1.1 我的房間

由梨：「吶，哥哥，沒有什麼有趣的話題嗎？」

我：「已經找書找膩了嗎？還真快啊。」

　　由梨是我的表妹，目前就讀國中。

　　我們從小就玩在一起，她總是稱呼我為「哥哥」。

　　每到假日，她就會來我們家玩，剛才還想從我的書架上找書來看，但現在貌似已經放棄了的樣子。

由梨：「因為沒有增加新的書啊，這裡的書我全都看過了。」

　　由梨邊說邊張開雙手，做出彷彿要擁抱書架的樣子。

我：「不、不，就算是妳，應該也沒有全都看過吧？」

由梨：「我的意思是，我想看的書已經全部看完了。因為想讀的都讀完了，所以剩下的都是我不感興趣的書，這樣的話

一點意義也沒有吧！」

她拋出這樣的理由後，還用鼻子「哼」了一聲。

我：「就算要我說有趣的話題……」

由梨：「說點好玩的問題嘛。沒有複雜的數學式、不算簡單卻又不是陷阱題，沒有這種會讓人興奮不已的問題嗎？」

我：「別突然提升難度啦。那麼，這個問題如何？」

1.2　平方後為 9 的數

> **問題**
> 平方後為 9 的數是什麼？

由梨：「平方後為 9 的數是什麼……吶，哥哥。我應該有說要『不簡單』的題目吧！」

我：「這個問題太簡單了嗎？」

由梨：「平方後為 9 的數，不就是 3 和 − 3 嗎？」

我：「沒錯，答案正確！沒有漏掉 − 3 這點很棒喔！」

$$3^{2} = \underbrace{3 \times 3}_{2 個 3 相乘} = 9$$

$$(-3)^{2} = \underbrace{(-3) \times (-3)}_{2 個 - 3 相乘} = 9$$

由梨：「一點都沒有被誇獎的感覺。這太簡單了啦！」

問題的解答

平方後為 9 的數是 3 和 − 3。

我：「那我來出更難的問題吧。」

由梨：「平方後為 16 的數是 4 和 − 4；平方後為 25 的數是 5 和 − 5！」

我：「不要搶我要說的話啦……」

由梨：「哥哥接下來想說什麼我都知道了嘛。」

我：「那麼，來出完全不一樣的問題吧。」

由梨：「等等，**為什麼負乘以負會是正**？」

我：「嗯？妳是要問負數乘上負數後會變成正數的理由嗎？」

由梨：「就是這個，為什麼 − 3 乘上 − 3 會變成 9？ − 3 乘上 − 2 會變成 6？」

$$(-3) \times (-3) = 9 = +9$$
$$(-3) \times (-2) = 6 = +6$$

我：「要回答為什麼有點困難……若硬要說，就是約定俗成吧。」

由梨：「嗯嗯……感覺沒辦法理解。」

我：「但由梨妳知道乘法的規則吧？」

由梨：「知道啊。正與正、負與負這種**正負號相同**的數相乘後會是**正數**嘛。」

我：「沒錯。」

由梨：「然後像是正與負、負與正這類**正負號不同**的數相乘會是**負數**。這我早就知道了。」

我：「沒錯！正負數的乘法可以像這樣整理出來。」

正負數的乘法（正負號相同或者相異）

- 正負號相同的數相乘的結果為正數

$$(+3) \times (+2) = +6 \qquad \text{正} \times \text{正}$$
$$(-3) \times (-2) = +6 \qquad \text{負} \times \text{負}$$

- 正負號不同的數相乘的結果為負數

$$(+3) \times (-2) = -6 \qquad \text{正} \times \text{負}$$
$$(-3) \times (+2) = -6 \qquad \text{負} \times \text{正}$$

由梨：「這裡面只有負×負讓我想不通。」

我：「跟加法比起來，乘法確實比較難理解。」

由梨：「但是我想不通的只有負×負而已！」

我：「依妳的想法，負×負應該會發生什麼事呢？」

由梨：「我覺得負×負不該變成正數，而是應該變得更偏向負數才對。」

我：「原來如此？」

由梨：「明明是乘上負數，卻反而是往正的方向增加，這點我實在想不通。」

我：「原來是這樣，問題可能出在由梨妳抱持的印象上。」

由梨:「印象?」

我:「該說是印象還是說成見呢?因為妳對負數抱持著『減少』的印象,所以才會對相乘後『增加』這件事感到混亂吧。」

由梨:「嗯……」

我:「負數加上負數時,的確會感覺更偏向負數。例如,-3 加上 -2 變成 -5。

$$(-3) + (-2) = -5$$

但這樣的想法並不能直接套用到乘法上。」

由梨:「哦哦!再說得詳細一點!」

我:「緊咬著不放呢,那我們就來談談正負數的運算吧。」

由梨:「哦──!」

1.3 正負號的方向

我:「先來講解實數。」

由梨:「實數──」

我:「實數可以想像成是數線上的數。」

```
  −4   −3   −2   −1    0   +1   +2   +3   +4
```

數線

由梨：「數線的話，我知道。」

我：「數線上的點全部對應著實數。以這個圖為例，−4、−3、−2、−1、0、+1、+2、+3、+4 等刻度為實數，但不僅只有刻度的點，數線上的點全部對應著實數。例如，1.5、−1.5、$-\frac{1}{3}$、$\pi = 3.14159\cdots$ 等都是實數。」

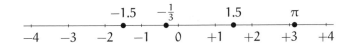

數線上的點與實數

由梨：「位在很～右邊的 100000 也是實數嗎？」

我：「是的！數線上的點對應的數都是實數，所以實數肯定大於、等於或者小於 0。」

由梨：「也就是正數、0 或者負數？」

我：「沒錯。」

由梨：「+1、+2、+3、+4 就是 1、2、3、4 嘛？」

我：「對，想要強調正數的時候，會像 +1 一樣添加正號，但寫成 1 也是同樣的意思。」

由梨：「OK。」

我：「數線上對應 0 的點稱為**原點**。」

由梨：「原點。」

我：「這樣一來，＋1、＋2、＋3、＋4、……等正數會位於原點的右方；－1、－2、－3、－4 等負數則會位於原點的左邊。」

由梨：「是呢。」

我：「所以，＋（正）和－（負）的符號可以說是從原點看的『方向』。」

由梨：「正為右向，負為左向。」

我：「雖然經常直接寫成正為右向，負為左向，但換成『正向』和『負向』會比較好喔。大於 0 的數稱為『正數』，小於 0 的數稱為『負數』，而 0 既不為正也不為負。到這裡為止應該還不算困難吧。」

由梨：「不困難，但也不讓人興奮就是了。」

我：「別這麼說嘛，我們繼續。1 和 3 都是正數，兩者『方向』相同。」

由梨：「都是正向。」

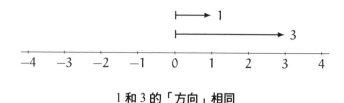

1 和 3 的「方向」相同

我：「然後，－1和－3都是負數，兩者『方向』相同，但與
　　剛才兩者的方向相反。」

由梨：「都是負向。」

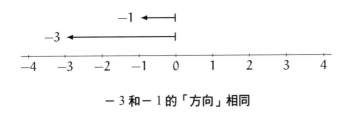

－3和－1的「方向」相同

我：「其中，＋3和－3與原點的『距離』相同，但『方向』
　　相反。」

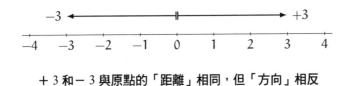

＋3和－3與原點的「距離」相同，但「方向」相反

由梨：「距離是什麼？」

我：「與原點的『距離』是指——它和原點『離得有多遠』，
　　就相當於圖中的箭頭長度。＋3和－3的箭頭長度相同，
　　但箭頭方向相反。」

由梨：「哼嗯。」

我：「與原點的『距離』稱為該數的**絕對值**。」

由梨：「絕對值。」

我：「＋3的絕對值為3，－3的絕對值也是3，因為兩者與原

點的『距離』都是 3，而 0 的絕對值為 0。到這裡為止還能
夠理解嗎？」

由梨：「可以理解，但還是沒辦法讓人興奮起來呢，因為哥哥
　　　都講由梨早就知道的事情嘛。」

我：「『從理所當然的事情開始是好事』，後面會愈來愈有趣
　　的。」

由梨：「希望是如此喵。」

由梨用貓語表示懷疑。

我：「數線上的點會同時具有從原點來看的『方向』和與原點
　　的『距離』，而實數具有『正負號』和『絕對值』。從原
　　點來看的『方向』對應『正負號』；與原點的『距離』對
　　應『絕對值』。」

$$3 = \underbrace{(+1)}_{\substack{\text{正負號}\\\text{「方向」}}} \times \underbrace{3}_{\substack{\text{絕對值}\\\text{「距離」}}}$$

$$-3 = \underbrace{(-1)}_{\substack{\text{正負號}\\\text{「方向」}}} \times \underbrace{3}_{\substack{\text{絕對值}\\\text{「距離」}}}$$

由梨：「喔喔——」

我：「具有『方向』和『距離』的實數，可以想像成是數線上
　　的箭頭。這相當於將實數換成**向量**的概念。我們以前有討

論過向量吧[*]。」

由梨：「向量！」

我：「當時是以平面上的箭頭來說明向量，若將實數想成數線上的箭頭，同樣也可視為向量。」

由梨：「咦──！」

1.4 實數的加法

我：「將實數想成箭頭後，『實數的加法』就相當於『箭頭的連接』。例如，3 加上 2 是將兩個箭頭連接後變成 5。」

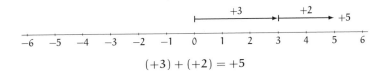

$$(+3) + (+2) = +5$$

由梨：「嗯，我知道。－ 3 加上－ 2 會變成－ 5。」

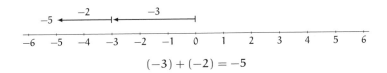

$$(-3) + (-2) = -5$$

我：「然後，正數加上負數會是先向右前進，再往反方向折返。比如說，3 加上－ 2 會朝正向移動 3，再往負向折返 2，就像這樣。」

<small>*參見《數學女孩秘密筆記：向量篇》。</small>

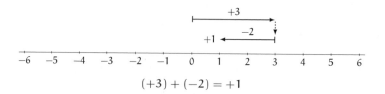

$$(+3) + (-2) = +1$$

由梨：「是呢，所以(＋3)+(－2)的加法跟 3 － 2 的減法一樣嗎？」

我：「沒錯，然後(－3)+(＋2)是先朝負向前進3，再往正向折返2。」

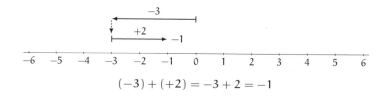

$$(-3) + (+2) = -3 + 2 = -1$$

由梨：「(－3)+(＋2) 跟 2 － 3 是一樣的。」

我：「是的。朝正向前進2，再往負向折返3，結果同樣會是－1。」

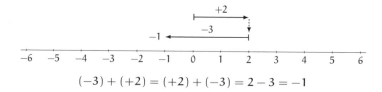

$$(-3) + (+2) = (+2) + (-3) = 2 - 3 = -1$$

由梨:「簡單、簡單。」

我:「加法不困難,但乘法就需要留意了。」

1.5 實數的乘法

由梨:「乘法只要反覆做加法就行了嘛,像是連接兩個箭頭後會伸長為倍這樣。」

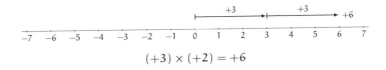

$$(+3) \times (+2) = +6$$

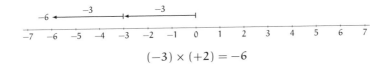

$$(-3) \times (+2) = -6$$

我:「啊啊沒錯,1 倍、2 倍、3 倍……只需要連接一個、兩個、三個……相同的箭頭來延長就好,所以在乘上正數時不會感到困難,不過需要仔細思考的是,乘上－2 倍等負數的情況。」

由梨:「就是這裡!」

我:「其實只要確實理解清楚－1 倍的意涵就行了。」

由梨:「－1 倍?」

我:「可以將－1 倍想成反轉『方向』。這樣一來,就能夠全

部想通了喔。」

由梨：「哦哦？」

我：「例如，＋3 乘上－1 變成－3。

$$(+3) \times (-1) = -3$$

放到數線上來看，可知＋3 乘上－1 後整個反過來變成－3，『方向』完全反轉了。」

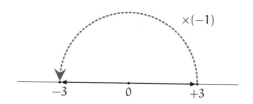

＋3 乘上－1 後，「方向」反轉變成－3

由梨：「哼嗯，的確。」

我：「像這樣『乘上－1』，就可看成是整個『方向』反轉。」

由梨：「然後呢？」

我：「套用這個規則後，負數×負數會變成正數這件事就比較容易理解了。例如，計算(－3)×(－1)時，－3 乘上－1 的結果會是＋3。

$$(-3) \times (-1) = +3$$

放到數線上來看，－3 的箭頭整個翻轉成＋3，的確也可以看成『方向』反轉過來。」

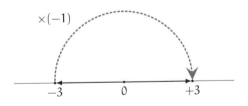

－3 乘上－1 後，「方向」反轉變成 3

由梨：「這樣也能說明乘上－2 的情況嗎？」

我：「乘上－2 就會是先乘上－1 後再延長為 2 倍，也就是連接兩個『方向』反轉的箭頭。例如，(＋3)×(－2)是連接兩個從＋3 反轉過來的－3。」

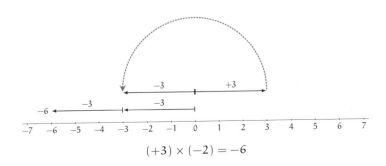

$$(+3) \times (-2) = -6$$

由梨：「整個反轉後再延長，喔喔——」

我：「然後，(－3)×(－2)的計算是連接兩個由－3 反轉過後的＋3。」

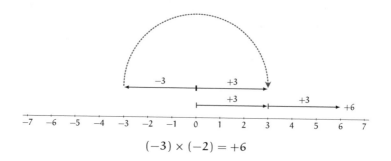

$$(-3) \times (-2) = +6$$

由梨：「……」

我：「換言之，

$$\boxed{} \times (-2)$$

像這樣乘上 -2，相當於計算

$$\boxed{} \times (-1) \times 2$$

先反轉後再延長為 2 倍。」

由梨：「哦哦哦哦！」

我：「怎、怎麼了？」

由梨：「我想通了！那個、那個……」

我：「嗯嗯。」

由梨：「我是將負數×負數想成『負數之間的相乘』，所以才
感到混亂，覺得兩個負數處理後應該更偏向負數才對。」

我：「哦——然後呢？」

由梨：「只要將乘上負數想成『方向』反轉就行了！負數×負數是負乘上負，將負數的『方向』反轉，所以負數×負數才會變成正數，我想通了！」

我：「沒錯，這樣想就比較容易理解了。」

由梨：「原來！難怪哥哥剛剛會說，將負數看成『減去』這點不恰當。我現在好像能夠理解了，負數是讓數的正負反轉過來！」

我：「將負數看成『減去』並沒有不恰當，如果是加上負數後的確可以看成減去，但這是加法的情況。我前面想表達的是，將加法的做法直接套用到乘法上會容易讓人混亂。」

由梨：「瞭解了，乘上負數後『方向』會反轉，我已經完全想通了！」

我：「我們剛才討論的是，乘上負數後正負號反轉的概念，正負數的乘法可以像這樣整理。」

正負數的乘法（乘上正數或者負數）

- 乘上正數，正負號不變

$$(+3) \times (+2) = +6$$ ＋ 3 乘上正數後，正號維持不變

$$(-3) \times (+2) = -6$$ － 3 乘上正數後，負號維持不變

- 乘上負數後，正負號反轉

$$(+3) \times (-2) = -6$$ ＋ 3 乘上負數後，正負反轉變成負數

$$(-3) \times (-2) = +6$$ － 3 乘上負數後，正負反轉變成正數

由梨：「哦——真的耶！進展好順利！」

我：「妳剛才有說『正負號相同的數相乘會是正數』、『正負號不同的數相乘會是負數』嘛（p.4）。當然，這個說法也是正確的。正負數的乘法運算可以從不同的角度來解釋，這是相當有意思的事。」

由梨：「感覺開始變得有趣起來了——」

1.6 平方後不變的數

我：「那麼，再來出其他問題吧。」

> **問題**
> 平方後不變的數為何？

由梨：「答案是 1！因為 $1^2 = 1$，結果不變嘛。」

我：「只有 1 嗎？」

由梨：「不是只有 1 而已，還有 0 也是答案。因為 $0^2 = 0$，結果也不變。」

$$0^2 = 0 \times 0 = 0 \qquad 0\text{平方後結果不變}$$

$$1^2 = 1 \times 1 = 1 \qquad 1\text{平方後結果不變}$$

我：「是的。那麼，還有 0 和 1 以外的答案嗎？」

由梨：「你是說？」

我：「平方後不變的數喔。除了 0 和 1 之外，沒有其他平方後數值不變的數嗎？」

由梨：「我想應該沒有 0 和 1 以外的數了吧……」

我：「由梨為什麼會這麼認為呢？」

由梨：「哥哥為什麼要這麼問？」

我：「在數學上，『確認理由』是很重要的事情。」

由梨：「就感覺沒有嘛……負數平方後肯定為正數不是嗎？例
　　　　如，−3 平方後會變成 9。」

$$(-3)^2 = 9$$

我：「沒錯。」

由梨：「所以，負數不會是『平方後不變的數』，因為它平方
　　　　後會變成正數。」

我：「原來如此。這個想法是正確的。」

由梨：「如果是正數──嗯……例如，3 的平方會變成 9 嘛。」

$$3^2 = 9$$

　　　　3 平方後會變得比自己本身的數字還要大。2 平方後、100
　　　　平方後也都會變得比原本還要大，所以不會是『平方後不
　　　　變的數』。」

我：「等一下，正數平方後一定會變得比自己還要大嗎？」

由梨：「……還有變小的情況嗎？」

我：「有喔。看吧，妳先入為主地認為『相乘後會變大』了。」

由梨：「對哦，0.1 平方後會是 0.01 嘛。

$$0.1^2 = 0.01$$

0.1 平方後會變得比自己原本還要小。」

我:「對。」

由梨:「我懂了、我懂了！全部想通了！負數平方後為正數，會變得比平方前還要大；介於 0 和 1 之間的數平方後，會變得比原本還要小；大於 1 的數平方後，會變得比本來還要大……因此，除了 0 和 1，不存在平方後不變的數！」

我:「由梨是以關注數的大小來『區分情況』呢。」

由梨:「區分情況。」

我:「實數以 x 表達後，x 會是下述的情況之一。」

$$x < 0 \qquad x \text{ 小於 } 0 \text{ 的情況}$$
$$x = 0 \qquad x \text{ 等於 } 0 \text{ 的情況}$$
$$0 < x < 1 \qquad x \text{ 大於 } 0 \text{ 小於 } 1 \text{ 的情況}$$
$$x = 1 \qquad x \text{ 等於 } 1 \text{ 的情況}$$
$$x > 1 \qquad x \text{ 大於 } 1 \text{ 的情況}$$

由梨:「突然冒出 x 了。」

我:「命名後會比較容易列出數學式。」

由梨:「出現了，數學式狂魔。」

我:「試著在數線上畫出剛才的五種情況吧。」

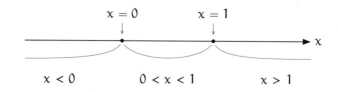

由梨：「的確會是這樣。」

我：「——來討論這五種情況吧。」

- $x < 0$ 的情況

  會是 $x^2 > x$（平方後變大）
- $x = 0$ 的情況

  會是 $x^2 = x$（平方後不變）
- $0 < x < 1$ 的情況

  會是 $x^2 < x$（平方後變小）
- $x = 1$ 的情況

  會是 $x^2 = x$（平方後不變）
- $x > 1$ 的情況

  會是 $x^2 > x$（平方後變大）

由梨：「嗯嗯。」

我：「使用數線來區分情況，可以幫助自己在思考時足夠完整，『彼此獨立且毫無遺漏』。」

由梨：「完整思考！」

我：「由於實數會對應數線上的點，『彼此獨立且毫無遺漏』地劃分數線後，能夠『彼此獨立且毫無遺漏』地區分出實數。」

> 問題的解答
> 平方後不變的數是 0 和 1。

1.7 以兩條數線來討論

由梨:「吶,哥哥,不能用兩條數線嗎?」

我:「也沒有不行,但妳要用兩條數線做什麼?」

由梨:「0 和 1 平方後不變,可用兩條數線這樣思考。」

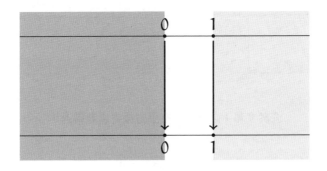

0 和 1 平方後不變

我:「原來如此!妳想從上面的數線畫直線連到下面的數線,來表示平方後會變成什麼數嗎?」

由梨:「對啊,0 和 1 不會向左邊或者右邊移動,因為它們平方後不變。但比 1 更右邊的點,平方後會移動到比本來還要右邊的位置嘛?」

我：「嗯嗯，沒錯，因為會變得比原本還要大。」

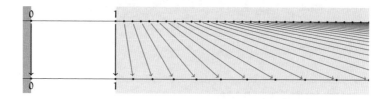

在 1 右邊的點，平方後會移動到比本來還要右邊的位置

由梨：「然後，介於 0 和 1 之間的數，平方後會往左邊移動。」

我：「是的，不過數值不會跨越 0，只會逐漸逼近 0。」

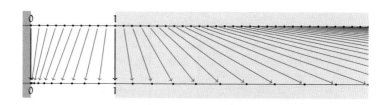

介於 0 和 1 之間的點在平方後會逐漸逼近 0

由梨：「比 0 更左邊的點，比如說 − 1 平方後為 1、− 2 平方後為 4……這樣的話連線會變得相當混亂！」

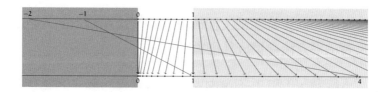

我：「如果感覺混亂，不妨將方向整個反轉後再來連線。」

由梨：「咦？」

我：「－1 的平方跟＋1 的平方相同；－2 的平方跟＋2 的平方相同嘛。

$$(-1)^2 = (+1)^2 = 1$$
$$(-2)^2 = (+2)^2 = 4$$

換言之，負數的平方可先反轉該數的正負號再來平方，就能夠像這樣畫線。」

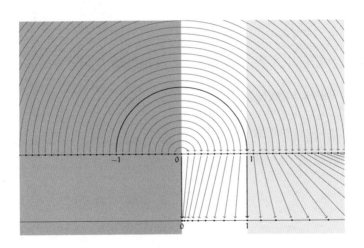

由梨：「真的耶，變成漂亮的形狀了！」

1.8 以方程式來討論

我：「『平方後不變的數』也能用數學式來討論。」

由梨：「來了、來了。」

我：「『平方後不變的數』指的是『平方的結果等於原本的數』。假設欲求的數為 x，則 x 是滿足下述等式的數：

$$x^2 = x$$

包含 x 等未知數的等式，稱為關於 x 的方程式。」

由梨：「方程式。」

我：「未知數以 x 表示的 $x^2 = x$，就是關於 x 的方程式。」

由梨：「哼──然後呢？」

我：「這樣就能夠將我們剛才討論的內容，從『文字』轉換成『數學式』，剩下只要求解方程式 $x^2 = x$ 就行了

$$x^2 = x \qquad \text{欲求解的方程式}$$
$$x^2 - x = x - x \qquad \text{兩邊減去 } x$$
$$x^2 - x = 0 \qquad \text{因為 } x - x = 0$$
$$x(x - 1) = 0 \qquad \text{左邊提出 } x$$

到這裡為止沒問題吧？」

由梨：「沒問題！」

我：「$x(x-1)=0$ 表示 x 和 $x-1$ 的乘積等於 0，因為 x 和 $x-1$ 相乘的結果為 0，所以 x 和 $x-1$ 至少其中一個等於 0。換言之，

$$x=0 \quad 或者 \quad x-1=0$$

$x-1=0$ 可移項成 $x=1$，所以

$$x=0 \quad 或者 \quad x=1$$

因此，滿足 $x^2=x$ 的數除了 0 和 1 以外就沒有了。」

由梨：「嗯嗯，不困難哦。」

1.9　以圖形來確認

我：「剛才求解方程式，確認了滿足 $x^2=x$ 的數只有 0 和 1，由

$$y=x^2-x$$

的圖形來看，也確實是如此，圖形會像這樣呈現**拋物線**的形狀。」

由梨：「拋物線。」

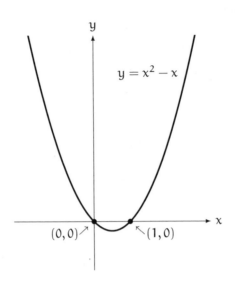

$y = x^2 - x$ 的圖形（拋物線）

我：「看一下圖形與 x 軸相交的點——**交點**。交點分別為 $(x, y) = (0, 0)$ 和 $(x, y) = (1, 0)$，x 座標的值只有 $x = 0$ 和 $x = 1$ 兩個而已。」

由梨：「等等。$y = x^2 - x$ 是從哪裡冒出來的？」

我：「從 $x^2 = x$ 的式子來的喔。我們現在討論的是平方後不變的數，將該數命名為 x 後，x 會滿足

$$x^2 = x$$

換言之，x 是滿足下式的數：

$$x^2 - x = 0$$

我們要找的是滿足 $x^2 - x = 0$ 的數。」

由梨：「這剛剛不是就做過了嗎？」

我：「沒錯，所以這次用這個式子

$$y = x^2 - x$$

所表示的圖形來討論，該圖形就會是剛才畫的拋物線，拋物線上的點 (x, y) 必定滿足 $y = x^2 - x$ 的式子。」

由梨：「對啊。」

我：「繼拋物線之後，接著來看 x 軸——x 軸上的點 (x, y) 必定滿足 $y = 0$ 的式子。」

由梨：「啊，我懂了⋯⋯」

我：「接著來討論拋物線與 x 軸的交點，因為交點同時在拋物線與 x 軸上，所以交點 (x, y) 會同時滿足下面兩條式子。」

$$\begin{cases} y = x^2 - x & \text{拋物線} \\ y = 0 & x\text{ 軸} \end{cases}$$

由梨：「聯立方程式？」

我：「沒錯，這是聯立方程式。已知 y 值為 0，所以交點的 x 座標會滿足 $y = x^2 - x$ 代入 $y = 0$ 的式子 $0 = x^2 - x$。換言之，交點就對應了 $x^2 - x = 0$ 的根。」

由梨：「交點和根都是兩個嗎？」

我：「是的，交點的個數與方程式 $x^2 = x$ 的根數相同。」

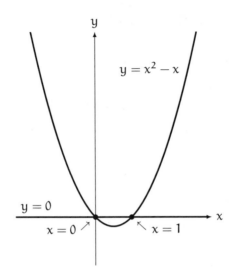

拋物線 $y = x^2 - x$ 和 x 軸的交點，
對應方程式 $x^2 - x = 0$ 的根

由梨：「原來如此。」

我：「啊對了，妳剛才有討論在什麼情況下平方後會變大嘛。
當時的區分情況（p. 21），也能在圖形上清楚看見。」

由梨：「可以看見區分的情況——在哪裡？」

我：「拋物線上的點位於 x 軸上方，是在 $x < 0$ 和 $x > 1$ 的時
候。」

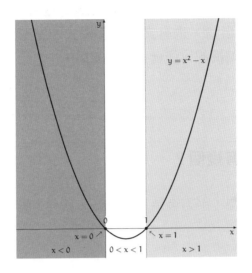

由梨：「啊……」

我：「拋物線 $y = x^2 - x$ 上的點會位於 x 軸上方時，是在
$x^2 - x > 0$ 的時候，也就是

$$x^2 > x$$

的時候。」

由梨：「對哦！平方後變大的情況，是發生在拋物線上的點位
於 x 軸上方的時候！」

我：「沒錯，而拋物線上的點位於 x 軸下方時，是發生在
$0 < x < 1$ 的時候。」

由梨：「真的耶……確實位於下面，交點變成分界了。」

我：「是的，像這樣畫出來後，就能夠直接用眼睛確認。即便
　　是相同的事情，也有**文字**、**數學式**、**圖形**等各種表達方
　　式。每次轉換都可能會有新的發現。」

由梨：「……！」

1.10　交點有幾個？

我：「吶，由梨，平方後為 4 的數是 2 和 − 2 嘛。」

由梨：「對啊。」

我：「這個也能從圖形中看出來喔。」

由梨：「什麼意思？」

我：「『求平方後為 4 的數』就是『求解方程式 $x^2 = 4$』，所
　　以相當於『求拋物線 $y = x^2 - 4$ 和 x 軸相交的點』。」

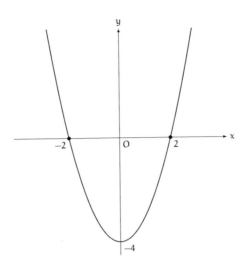

抛物線 $y = x^2 - 4$ 和 x 軸的交點
方程式 $x^2 - 4 = 0$ 的根

由梨：「啊……跟剛剛一樣的想法！」

我：「有趣的地方在後頭。讓我們將抛物線平行往上提吧。」

由梨：「往上平移的意思嗎？」

我：「是的。比如說，將式子 $y = x^2 - 4$ 式子的 4 改成 1，這樣就能夠將抛物線平行往上提，交點的 x 座標會變成 $x = 1$ 和 $x = -1$。」

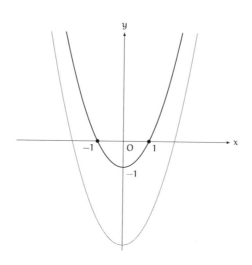

拋物線 $y = x^2 - 1$ 和 x 軸的交點
方程式 $x^2 - 1 = 0$ 的根

由梨：「拋物線往上平移後，兩個交點會逐漸接近？」

我：「沒錯。然後 $y = x^2$ 的時候，兩個交點會重合成一點。」

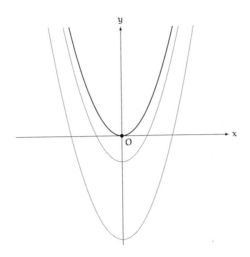

拋物線 $y = x^2$ 和 x 軸的切點
方程式 $x^2 = 0$ 的根

由梨：「平方後為 0 的數只有 0 嘛！」

我：「對喔，$y = x^2$ 相切於 x 軸，所以相交的點僅有一個。在相切的情況下，該點不會叫做交點，而是稱為**切點**。」

由梨：「切點……」

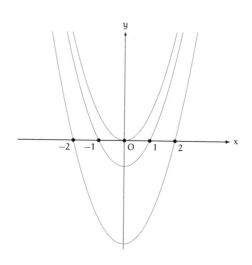

拋物線往上提的情況

我：「試著再將拋物線往上提一些吧。像是拋物線 $y = x^2 + 1$
就跟 x 軸沒有相交的點，既沒有交點，也沒有切點。」

由梨：「哦哦……」

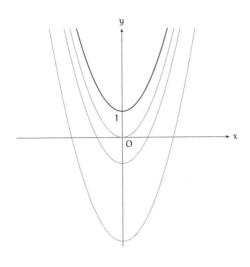

拋物線 $y = x^2 + 1$

我：「這會對應方程式 $x^2 + 1 = 0$ **沒有實數根**的情況，有時會稱為**不存在實數根**，或者說是**無實數根**。」

由梨：「嗯……我要提出**質疑**！」

我：「咦？妳要質疑什麼？」

由梨：「平方後為 -1 的數是 i 嘛？i 平方後變成 -1。這樣的話，

$$i^2 + 1 = (-1) + 1 = 0$$

所以，i 會是 $x^2 + 1 = 0$ 的根！」

我：「嗯，沒錯，名為 i 的數定義為滿足 $i^2 = -1$ 的其中一個數。所以，$x = i$ 可說是 $x^2 + 1 = 0$ 的其中一個根。除了 i 之外，$x = -i$ 也是方程式的根。關於 x 的二次方程式

$$x^2 + 1 = 0$$

其根為 $x = i$ 或者 $x = -i$。」

由梨：「可是，哥哥你剛剛說 $x^2 + 1 = 0$ 沒有根！」

我：「不是『沒有根』而是『沒有實數根』，滿足方程式 $x^2 + 1 = 0$ 的實數連一個都沒有，這句話並沒有錯。」

由梨：「實數……」

我：「就如同由梨妳所說的，i 的確能滿足方程式 $x^2 + 1 = 0$，不過 i 並不是實數喔。」

由梨：「不是實數……」

我：「i 不是實數，而是**虛數**的一種。」

由梨：「虛數。」

我：「將情況整理成一般式吧。假設 A 為實數，討論下述拋物線：

$$y = x^2 - A$$

因為 A 是實數，所以會大於、等於或者小於 0。」

- $A > 0$ 的情況

  拋物線與 x 軸相交，交點為兩個。

  此時，方程式 $x^2 - A = 0$ 的實數根也為兩個。

- $A = 0$ 的情況

  拋物線與 x 軸相切，切點為一個。

  此時，方程式 $x^2 - A = 0$ 的實數根也為一個。

- $A < 0$ 的情況

  拋物線與 x 軸的交點與切點為零個。

  此時，方程式 $x^2 - A = 0$ 的實數根也為零個。

  換言之，連一個也不存在。

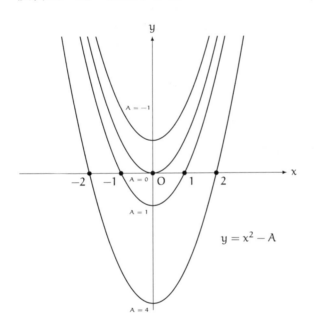

拋物線 $y = x^2 - A$

由梨：「明明有根，卻沒有交點或者切點，我果然還是想不通！」

我：「若拋物線 $y = x^2 + 1$ 與 x 軸有交點或者切點，則該點的 x 會是實數。如果 x 為實數，那麼 x^2 應該會大於 0，但

$x^2 + 1 = 0$ 能夠移項成 $x^2 = -1$，可知其數值小於 0，所以沒有交點或者切點才是正確的喔。」

由梨：「唔……」

我：「因此，在沒有實數根的時候，拋物線與 x 軸沒有交點或者切點。」

由梨：「啊——我不懂啦！我知道 x 軸上沒有交點或者切點，我知道啊！但 i 明明是它的根卻直接消失不見，這很奇怪吧！方程式的根明明就存在啊！有根卻消失不見，我實在無法理解！」

由梨如此主張著，一副激動到快要哭出來的樣子。

我：「冷靜點，由梨！我們來畫畫看方程式 $x^2 + 1 = 0$ 的根會出現在什麼地方吧。」

由梨：「真的嗎？！」

我：「真的。」

「什麼樣的數相乘後，會發生如此神奇的事情呢？」

第 1 章的問題

解題之前，

必須先弄清楚問題才行。

不明白題意為何，就更無從作答。

——波利亞《怎樣解題》（*How To Solve It: A New Aspect of Mathematical M*）

.

●問題 1-1（實數的性質）

請從①～⑧當中，選出所有正確的敘述。

①對於任意實數 a，
$a > 0$ 或者 $a < 0$ 成立。

②對於任意實數 a，$a^2 > 0$ 成立。

③滿足 $x^2 = x$ 的實數 x 僅有 0。

④實數 a 和 b 皆大於 0 時，
$a + b > 0$ 成立。

⑤實數 a 和 b 皆小於 0 時，
$a + b < 0$ 成立。

⑥實數 a 大於 0、實數 b 小於 0 時，
$a - b > 0$ 成立。

⑦實數 a 和 b 的乘積 ab 小於 0 時，
a 和 b 的正負號相反。

⑧實數 a 和 b 的乘積 ab 等於 0 時，
a 和 b 至少其中一個為 0。

（解答在 p. 272）

●問題 1-2（數線與實數）

請在數線上畫出下述七個實數的點。

$$0,\quad 4.5,\quad -4.5,\quad \sqrt{2},\quad -\sqrt{2},\quad \pi,\quad -\pi$$

若無法清楚標示，則可以畫出大概的位置。

其中，已知

$$\sqrt{2} = 1.41421356\cdots \qquad \text{平方後等於 2 的正數}$$
$$\pi = 3.14159265\cdots \qquad \text{圓周率}$$

（解答在 p. 274）

●問題 1-3（實數的乘法）

根據實數 a、b 的正負，將乘積 ab 的正負號整理成表格。
請在空白欄位填寫

$$ab < 0, \quad ab = 0, \quad ab > 0$$

乘積ab	$b < 0$	$b = 0$	$b > 0$
$a > 0$			
$a = 0$			
$a < 0$			

（解答在 p. 275）

●問題 1-4（數線與實數）

已知數線上存在 A、B、C、D、E、F 等六個實數，請從中選出所有滿足甲～己條件的點。

甲 平方後數值變大的實數
乙 平方後數值大於 4 的實數
丙 平方後數值小於 1 的實數
丁 乘上 2 後數值變大的實數
戊 乘上－1 後數值不變的實數
己 平方後數值大於 0 的實數

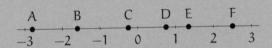

（解答在 p. 276）

第 2 章

平面上的移動

「若想要擴展世界，該怎麼做才好呢？」

2.1 數線與複數平面

現在，由梨和我的面前有著方程式 $x^2 + 1 = 0$。也就是，

$$x^2 = -1$$

由梨表示想要看根會出現在什麼地方。

由梨：「快點讓我看！快一點！」

我：「等一下，這件事很重要，得一步步確實執行。方程式 $x^2 = -1$ 不存在實數根，也就是不管 x 代入任何實數，等式 $x^2 = -1$ 都不會成立⋯⋯這點沒問題吧？」

由梨：「沒問題，因為沒有平方後為 -1 的實數嘛。」

我：「沒錯，所以 $x^2 = -1$ 的根不存在於數線上，這點也沒問題吧？」

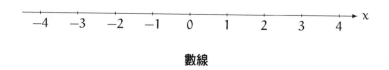

數線

由梨：「因為如果存在於數線上就會是實數？」

我：「是的，所以必須準備數線以外的東西，才能夠看見妳想要看的根。因此，接下來我們來討論**複數平面**吧。」

由梨：「複數平面。」

我：「譬如這樣的平面。」

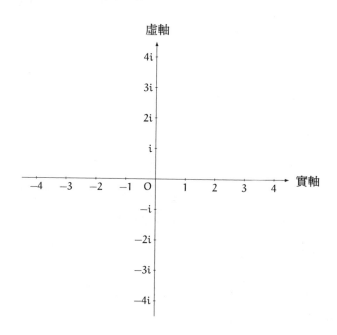

複數平面

我：「複數平面有兩條軸，橫向延長的是**實軸**，縱向延長的是**虛軸**，兩軸的交叉點則稱為**原點**。」

由梨：「實軸、虛軸、原點。」

我：「實軸上的點對應實數，所以實軸相當於數線。原點對應實數 0，通常會命名為 O。」

由梨：「好哦。」

我：「先選定一個特別的數──也就是**虛數單位**，以文字表達成

$$i$$

將這個特別的數 i，定義為滿足下述等式的其中一個根：

$$i^2 = -1$$

」

由梨：「等等，定義……是決定的意思嗎？」

我：「是的。雖然不知道 i 是什麼樣的數，但總之先將其當作滿足 $i^2 = -1$ 的數！我們會先如此定義。」

由梨：「這樣做沒有關係嗎？」

我：「只要不產生**矛盾**，即使自己去定義也沒有關係。」

由梨：「矛盾？」

我：「矛盾就是指『○○是～』和『○○不是～』這兩件事同時成立。比如說我們假設 i 為實數，就會產生矛盾。」

由梨：「因為沒有平方後為－1的實數？」

我：「沒錯，因為平方後為－1，所以虛數單位 i 不是實數，即便如此，若還是將 i 為定義為實數，就會產生矛盾，造成『i 是實數』和『i 不是實數』同時成立。因此 i 不會畫成實軸上的點，而是會畫成虛軸上的點。」

由梨：「原來如此。」

我：「跟實軸上的點一樣，假設虛軸上的點也對應著數。以剛才的圖為例，虛軸有下述刻度：

$$\ldots, \quad -4i, \quad -3i, \quad -2i, \quad -i, \quad O, \quad i, \quad 2i, \quad 3i, \quad 4i, \quad \ldots$$

虛軸上的點當中，只有原點 O 會對應實數 0，其他的都不是實數。」

由梨：「出現 $-i$、$2i$ 了。」

我：「嗯，是的。」

- 以 1 為單位，將 1 實數倍後的數對應實軸上的點。
- 以 i 為單位，將 i 實數倍後的數對應虛軸上的點。

由梨：「嗯──」

我：「我們前面是在討論數線上的點所對應的實數。同理，現在換成討論複數平面上的點所對應的**複數**，使用實軸上的 a 和虛軸上的 bi，將複數平面上的一點表達成

$$a + bi$$

兩個實數 a 和 b 配套成一組，來表達一個複數 $a + bi$。」

由梨：「複數 $a + bi$。」

我：「像是數線上的一點就表示一個實數一樣，複數平面上的一點也表示了一個複數。」

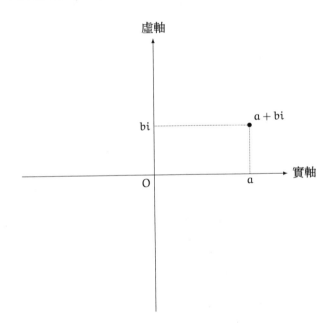

複數 $a + bi$

由梨:「$a + bi$ 看起來不像是一個數。」

我:「我們會將座標平面上的一點表示成 (a, b)，透過組合兩個實數 a 和 b 來表達一個點 (a, b)，同理，我們會組合實軸上的 a 和虛軸上的 b 去表示一個複數 $a + bi$，也就是可說是利用 a 和 b 兩實數去表達一個複數。」

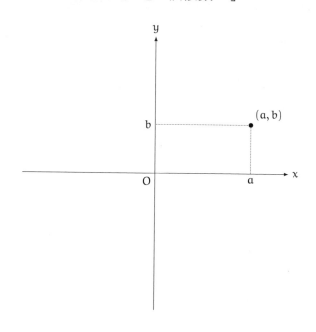

座標平面上的點 (a, b)

由梨:「以兩個數來表達一個數……真是神奇。」

我:「以兩個數表示一個數並不神奇喔。例如，分數的表記就

是使用 1 和 2 兩個整數記為 $\frac{1}{2}$，來表達等於 0.5 的有理數。
這就是以兩個數表達一個數對吧？」

由梨：「呵呵⋯⋯原來如此喵。」

我：「複數有時也會以單一文字來表達喔。例如，

$$z = a + bi$$

會這樣寫，表示複數 z 與複數 $a + bi$ 相等。」

由梨：「啊！可以寫成單一文字嗎？」

我：「可以喔，只要先申明『z 是複數』就行了。數學上出現文字時，需要確認『該文字用來表達什麼』。例如說，寫出 $a + bi$ 並附加說明『a 和 b 為實數，i 為虛數』，或者寫出 z 並附註『z 為複數』。」

由梨：「一個一個說明好麻煩喔。」

我：「但若沒有說明，會不知道該文字是用來表達什麼。為了方便區別實數與複數，複數通常會使用 α、β 等希臘文字。」

由梨：「嗯——」

我：「使用複數平面上的點，來看幾個複數的例子吧。」

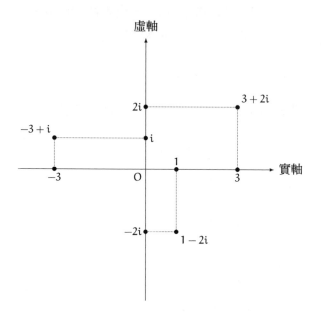

由梨：「複數的例子⋯⋯咦？1 是實數吧。1 也是複數嗎？」

我 ：「沒錯，複數平面上的點全部都是對應複數，所有的實數
　　　都是複數，像是 i 之類的虛數也為複數。」

由梨：「吶哥哥！你說得好混亂，把我都弄糊塗了。」

我 ：「啊啊，說的也是，先稍微整理一下吧。」

由梨：「麻煩了。」

2.2 實數、虛數、複數

我：「現在討論的數有三種，分別為實數、虛數和複數，我們來看看這三種數分別對應複數平面的什麼地方吧。透過圖形來說明會比較容易理解。」

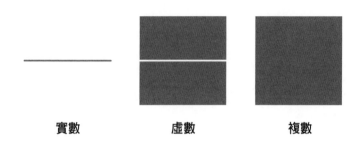

實數 虛數 複數

由梨：「就這樣？」

我：「嗯，我們熟悉的數線就相當於複數平面中的實軸，所以實軸上的點全部都對應實數。」

由梨：「嗯，這我知道。」

我：「然後，複數平面上，實軸以外的點所對應的數為虛數。因此，實數不會等同於虛數，虛數也不會是實數。」

由梨：「明白了。」

我：「然後實數和虛數的組合稱為複數。換言之，複數平面上的點所對應的數皆為複數。」

由梨：「所以才說『所有的實數都是複數』啊。」

我：「沒錯。0、1、－3.5、π 皆為實數，同時也是複數，就像是『直角三角形是三角形』一樣，我們可以說『實數是複數』。」

$$複數 \begin{cases} 實數 \\ 虛數 \end{cases}$$

由梨：「直角三角形就是帶有直角的三角形嘛。」

我：「對喔，直角三角形是附加了『帶有直角』條件的三角形。同樣地，實數可說是附加有『在複數平面實軸上』條件的複數。」

由梨：「啊、啊！我好像懂了。那麼，虛數就是附加『不在複數平面實軸上』條件的複數？」

我：「沒錯。」

由梨：「這樣的話，i 雖然不是實數而是虛數，但同時也是複數？」

我：「非常正確！妳剛才以實例來確認自己知道的事情，實踐了『舉例為理解的試金石』，這樣很棒喔！」

由梨：「嘿嘿，別誇我了，繼續往下講啦。」

我：「複數是以 $a + bi$ 形式來表示的數，由此也能明顯看出『實數是複數』喔。」

由梨：「怎麼回事？」

我：「假設 $b = 0$ 就行了，這樣實數 a 就可以表示成複數

$a + 0i \, \circ$」

由梨：「意思是實數也能夠換成 $a + bi$ 的形式啊！」

我：「同理，虛數單位 i 也可表達成複數 $0 + 1i$。我們來整理一下實數和虛數吧。」

- 複數 $a + bi$ 中，$b = 0$ 的數為實數。
- 複數 $a + bi$ 中，$b \neq 0$ 的數為虛數。

由梨：「喵來如此。」

我：「可以將複數 $a + bi$ 想成是像這樣擴張實數 a 後所作成的數。」

由梨：「嗯，瞭解了。」

2.3 數的舞蹈

我：「利用複數平面後，就能夠以圖形來表示 $x^2 = -1$ 的根。」

由梨：「根是 i 和 $-i$。」

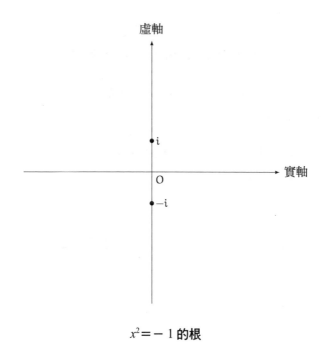

$x^2 = -1$ 的根

我：「方程式的根可以利用複數平面來討論喔。」

- 滿足 $x^2 = -1$ 的**實數**不存在。
  而 i 和 $-i$ 的確不落在實軸上。
- 滿足 $x^2 = -1$ 的**虛數**存在。
  而 i 和 $-i$ 的確落在複數平面上。

由梨：「嗯嗯。」

我：「求解方程式的時候，若只討論實數根，表示僅著眼在複數平面的實軸上，在此處檢討方程式 $x^2 = -1$ 的時，找不到根只代表根不落在實軸上而已。只要觀看整個複數平面，就能夠看到兩個根的點。」

由梨：「i 和 $-i$ 的點。」

我：「沒錯，接下來我們稍微討論一下一般式吧，不是 $x^2 = -1$，而是討論下式：

$$x^2 = A$$

假設文字 A 是表示實數，當 A 改為 4、1、0，根會分別變成 ± 2、± 1、0，然後 $A = -1$ 的時候，根就會是 $\pm i$。」

由梨：「哦？」

我：「像這樣去改變 A 值之後，在複數平面上畫出方程式的根，這樣一來……」

由梨：「這樣一來？」

我：「兩個根就會開始『跳舞』喔！」

由梨：「跳舞！？」

我：「我們來看看若移動 $x^2 = A$ 中的 A，兩個根會怎麼動作吧。」

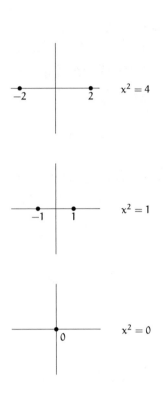

$x^2 = 4$

$x^2 = 1$

$x^2 = 0$

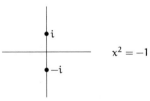

$x^2 = -1$

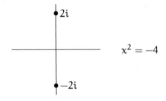

$x^2 = -4$

由梨：「好有趣！兩個點會靠近、貼在一起，接著又彼此分開！」

我：「沒錯，當 $A < 0$，不存在實數解，所以若只看數線，點會消失不見。不過只要擴展到複數平面後，就能知道點並沒有消失！」

由梨：「果然有根嘛！好好地存在於複數平面上呢！」

2.4 文字、圖形與運算

我：「將數線擴張成複數平面很有意思喔。」

由梨：「那個，複數平面的實軸就是乘載實數的數線嘛？」

我：「是的。」

由梨：「這樣的話，為什麼不把數線稱為實數線呢？」

我：「的確，會想將表示實數的線會稱為實數線很合理，同樣地，除了複平面，也會有人將表示複數的平面稱為複數平面。」

由梨：「有好多種說法耶。」

我：「沒錯，複數平面有時也會稱為高斯平面。雖然名稱不一樣，但都是表達同樣的東西。」

由梨：「既然表示複數的平面稱為複數平面，那麼表示實數的直線應該稱為實數線吧。」

我：「原來如此。因為表示實數的直線稱為數線，所以表示複數的平面應該稱為數平面？」

由梨：「畢竟實數可集合成直線，複數可集合成平面嘛。」

我：「嗯……這樣想的確比較容易理解，不過數並非只能像這樣理解成圖形喔。」

由梨：「什麼意思？」

我：「妳看，將實數想成數線上的點時，能夠做加減乘法——運算——嘛，同理，我們也可討論關於複數的運算。」

由梨：「用複數來運算嗎？」

2.5 複數的相等

我：「先從最基本的地方講起，定義兩複數等價是怎麼一回事，也就是決定複數的相等。」

由梨：「我們能夠定義『等價』！？」

複數的相等
兩複數等價，定義為實部和虛部分別相等的情況。

$$a + bi = c + di \iff a = c \quad 且 \quad b = d$$

由梨：「實部？」

我：「啊啊，抱歉抱歉。複數 $a + bi$ 的 a 為**實部**、b 為**虛部**。」

由梨：「果然跟我猜想的一樣。」

我：「雖然很容易混淆，但 $a + bi$ 的虛部不是 bi 而是 b 喔。」

由梨：「好的。$a + bi$ 的 a 為實部、b 為虛部。瞭解了。」

我：「什麼情況下兩複數會等價呢？答案是兩實部相等、兩虛部也相等時。換言之，複數 $a + bi$ 和複數 $c + di$ 等價，會發生在 $a = c$ 和 $b = d$ 同時成立的時候。我們是這樣來定義複數的相等的。」

由梨：「哦——也就是在複數平面上點重合的時候嘛？」

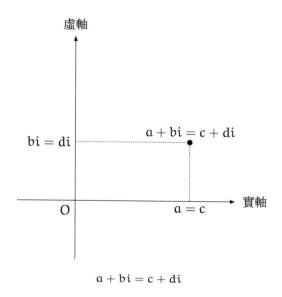

$$a + bi = c + di$$

我：「沒錯！馬上就在複數平面上確認了，很棒喔。」

由梨：「哼哼。」

我：「『複數的相等』是保持著整合性地將『實數的相等』擴展開來。」

由梨：「整合性……？」

我：「保持整合性是指，不發生矛盾、合乎條理的意思。若隨便定義複數的相等，可能會影響實數的相等而造成困擾。」

由梨：「這麼說也是。」

我：「實數是複數。因為──

- 實數 a 可視為複數 $a + 0i$；
- 實數 c 可視為複數 $c + 0i$。

這不難理解吧，然後當『實數 a 和 c 等價』的時候，的確也是『複數 $a + 0i$ 和 $c + 0i$ 等價』的時候，所以定義『複數的相等』並不會影響『實數的相等』。」

由梨：「畢竟都是發生在實軸上的點重合的時候嘛。」

我：「是的。」

2.6 複數的大小關係

由梨：「講完相等後，接著要定義什麼呢？」

我：「這個嘛……在複數平面上畫出虛軸時，位於實軸上方的會標示為 i。乍看之下，容易誤以為 $i > 0$。」

由梨：「不對嗎？」

我：「不對。複數通常不會定義大小關係。雖然實數之間存在著大小關係，但複數整體並不會去定義大小關係。」

由梨：「啥？意思是沒有辦法比較數的大小嗎？」

我：「『實數和實數』能夠互相比較大小關係，但『虛數和虛數』『實數和虛數』彼此並未定義大小關係，而複數當中存在能夠相互比較與不能比較大小的數。」

由梨：「等等，可是 $i \neq 0$ 嘛？」

我：「沒錯，$i \neq 0$ 意為不是 $i = 0$ 的情況，這不是大小關係而是相等關係。」

由梨：「等等、等等，腦筋打結了啦。i 不就是定義為滿足 $i^2 = -1$ 的數，不能依樣畫葫蘆直接定義 $i > 0$ 嗎？」

我：「若在複數中加入大小關係，與實數的大小關係會失去整合性。」

由梨：「又是整合性。」

我：「那麼，討論看看吧。對於任意實數 a，

$$a > 0 \qquad a = 0 \qquad a < 0$$

上述其中一種關係會成立。」

由梨：「嗯，a 為正數、零或者負數。」

我：「然後，對於兩實數 $a > 0$ 和 $b > 0$，

$$a + b > 0 \qquad ab > 0$$

上述兩式成立。」

由梨：「兩正數相加、相乘後仍是正數。」

我：「是的，那假設對於任意複數 α，

$$\alpha > 0 \qquad \alpha = 0 \qquad \alpha < 0$$

上述其中一種關係成立，假設喔。」

由梨：「跟實數一樣嗎？」

我：「沒錯。然後，同樣也假設對於兩複數 $\alpha > 0$ 和 $\beta > 0$，

$$\alpha + \beta > 0 \qquad \alpha\beta > 0$$

上述兩式成立，這也是假設喔。」

由梨：「跟實數一樣嘛，然後呢？」

我：「這樣一來，因為虛數單位 i 是複數，所以下述其中一種關係必須成立：

$$i > 0 \qquad i = 0 \qquad i < 0$$

然而 $i \neq 0$，因此

$$i > 0 \qquad i < 0$$

其中之一必須成立。」

由梨：「不是正數就是負數？」

我：「這邊先假定 $i > 0$，假設 i 為正數吧。」

由梨：「……嗯。」

我：「這樣的話，兩個正數 i 相乘的 ii 也會是正數。換言之，

$$ii > 0$$

因為左邊是 $ii = i^2 = -1$，

$$-1 > 0$$

會得到這個式子。」

由梨：「啊！-1 變成正數了⋯⋯」

我：「這樣就產生矛盾了。」

由梨：「那麼，假設 $i < 0$ 如何呢？」

我：「不等式 $i < 0$ 的兩邊加上 $-i$，

$$i + (-i) < 0 + (-i)$$

得到

$$0 < -i$$

也就是 $-i$ 會為正數。這樣的話，兩個正數 $-i$ 相乘的 $(-i)(-i)$ 也會是正數。換言之，

$$(-i)(-i) > 0$$

左邊是 $(-i)(-i) = (-i)^2 = -1$，運算後得到

$$-1 > 0$$

同樣會產生矛盾，-1 變成正數了。」

由梨：「這樣啊⋯⋯啊！那麼，定義既非 $i < 0$，也不是 $i > 0$，這樣不就行了嗎！如此一來就不奇怪了。」

我：「對啊，但這就意味著『不能比較大小』喔。」

由梨：「嗚！這樣啊⋯⋯」

由梨一臉苦惱地交叉雙臂。

2.7 複數的絕對值

由梨:「複數不能說『這邊比較大』,但卻是數的一種……
　　　咦,不過實數之間能夠比較大小嘛?」

我:「嗯,大小關係只會定義在實數之間,但對複數整體是無
　　法定義的。不過,我們有定義**複數的絕對值**,能夠比較絕
　　對值的大小喔。」

由梨:「絕對值。」

我:「複數 $a + bi$ 的絕對值定義為 $\sqrt{a^2 + b^2}$。」

複數的絕對值

假設 a 和 b 為實數,對於複數 $a + bi$,$\sqrt{a^2 + b^2}$ 稱為 $a + bi$
的**絕對值**,記為 $|a + bi|$。

$$|a + bi| = \sqrt{a^2 + b^2}$$

由梨:「為什麼又要定義得這麼複雜?一下子平方,一下子又
　　　開根號的。」

我:「不,這一點都不複雜喔。只要放到複數平面上來看,馬
　　上就能夠理解 $\sqrt{a^2 + b^2}$ 是用來表達什麼。」

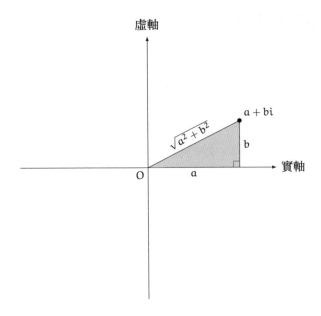

複數 $a + bi$ 的絕對值 $|a + bi|$

由梨：「哦哦？」

我：「妳有聽過三平方定理吧，也稱為畢氏定理。假設直角三角形中，夾直角的兩邊長為 a、b；斜邊長為 c，則

$$c^2 = a^2 + b^2$$

由於斜邊長大於 0，所以

$$c = \sqrt{a^2 + b^2}$$

」

由梨：「$\sqrt{a^2 + b^2}$ 是距離原點的長度？」

我：「沒錯！複數 $a + bi$ 的絕對值 $\sqrt{a^2 + b^2}$，就等於複數平面上原點到該複數 $a + bi$ 的距離，試著比較一下『實數的絕對值』和『複數的絕對值』吧。」

- 實數 a 的絕對值 $|a|$，
  等於數線上原點到 a 的距離。
- 複數 $a + bi$ 的絕對值 $|a + bi|$，
  等於複數平面上原點到 $a + bi$ 的距離。

由梨：「兩者都是表示與原點的距離！」

我：「沒錯，『複數的絕對值』就是擴張『實數的絕對值』的概念，並且同時保持著整合性。實數 a 可視為 $b = 0$ 的複數 $a + bi$，試著計算此時的 $|a + bi|$ 吧。」

$$
\begin{aligned}
|a + bi| &= \sqrt{a^2 + b^2} \qquad && \text{由「複數的絕對值」的定義得到} \\
&= \sqrt{a^2 + 0^2} && \text{令 } b = 0 \\
&= \sqrt{a^2} && \text{因為 } 0^2 = 0 \\
&= |a| && \text{「實數的絕對值」的定義}
\end{aligned}
$$

由梨：「意思就是 $b = 0$ 時，$|a + bi| = |a|$ 嘛。」

2.8 畫圓

我：「定義複數的絕對值後，就能夠像這樣在複數平面上畫圓。」

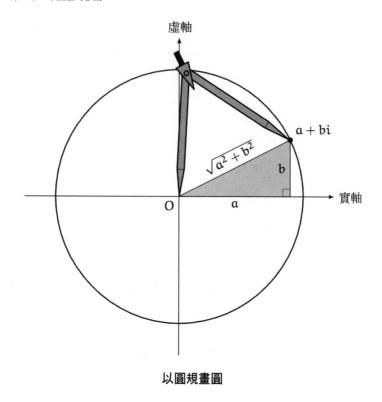

以圓規畫圓

由梨：「喔喔！」

我：「將圓規的針置於原點，腳張開到複數 $a + bi$ 的位置。這樣一來，圓規就會張開

$$|a + bi| = \sqrt{a^2 + b^2}$$

然後，旋轉圓規一圈，就能夠以原點為中心畫出半徑為 $|a + bi|$ 的圓。」

由梨：「這樣啊……嗯？等等。」

我：「有什麼奇怪的地方嗎？」

由梨：「意思是圓周上的所有點，都與原點距離 $|a + bi|$ 嗎？」

我：「對喔，在平面上，與一點等距離的所有點，集合後會形成圓。」

由梨：「也就是說，會有很多絕對值相同的複數！」

我：「有很多喔，絕對值等於 0 的複數只有 0，但與其他複數 $a + bi$ 的絕對值相同的複數有無數多個，會落在以原點為中心、半徑為 $|a + bi|$ 的圓周上。」

由梨：「這個也是擴張吧。」

我：「嗯？怎麼這樣說？」

由梨：「前面不是出現很多擴張嗎？」

- 複數平面可視為數線的擴張（數線變成複數平面的一部分）。
- 複數 $a + bi$ 可視為實數 a 的擴張。
  $$a + 0i = a$$
- 複數的絕對值可視為實數絕對值的擴張。
  $$|a + 0i| = |a|$$

我：「是呢。」

由梨：「如果 a 是實數的話，那絕對值等於 $|a|$ 的實數就會有兩個，a 和 $-a$ 對吧？」

我：「嗯，若 $a \neq 0$，確實是如此。」

由梨：「如果 $a + bi$ 是複數，那絕對值等於 $|a + bi|$ 的複數就會有無數多個！」

我：「啊！是這個意思啊。嗯，若考慮 0 以外的情況，則絕對值為某數值的實數有兩個，而複數會有無限多個。由梨想要說的是這個意思對吧。」

- 絕對值為 $|a|$ 的實數是，

  對應數線上距離原點 $|a|$ 的點。

  這樣的實數有 a 和 $-a$。

  $a = 0$ 的時候，便會是數線的原點。

- 絕對值為 $|z|$ 的複數是，

  對應複數平面上距離原點 $|z|$ 的點。

  這樣的複數會落於距離原點半徑為 $|z|$ 的圓周上。

  $z = 0$ 的時候，此點就會是複數平面上的原點。

由梨：「這也有保持整合性哦！半徑 $|z|$ 的圓與實軸相交的地方，確實是 $|z|$ 和 $-|z|$ 嘛！」

我：「原來如此。」

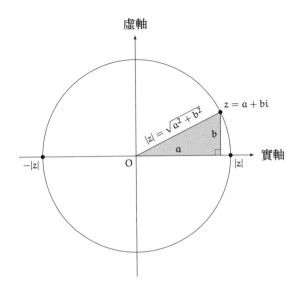

以原點為中心且通過複數 z 的圓與實軸的交點

由梨：「好像變得有些有趣起來了！」

2.9 複數的相加

我：「接著來定義複數的相加，也就是兩複數的加法。」

複數的相加

$$(a + bi) + (c + di) = (a + c) + (b + d)i$$

由梨：「不是、就算這樣把式子列出來我也……」

我：「該怎麼定義兩複數 $a + bi$ 和 $c + di$ 的相加呢？我們會使用兩實部的和 $a + c$ 與兩虛部的和 $b + d$，定義成實部為 $a + c$、虛部為 $b + d$ 的複數。」

$$(a + bi) + (c + di) = \underbrace{(a + c)}_{\text{實部}} + \underbrace{(b + d)}_{\text{虛部}} i$$

由梨：「嗯……」

我：「只要舉個簡單的例子，妳就能夠馬上瞭解我在說什麼了。例如說，$1 + 2i$ 和 $3 + 4i$ 相加會如何呢？」

$$(1 + 2i) + (3 + 4i) = ?$$

由梨：「兩實部、兩虛部各自相加，所以會是 $4 + 6i$ 喵？」

我：「沒錯！」

$$\begin{aligned}(1 + 2i) + (3 + 4i) &= (1 + 3) + (2 + 4)i \\ &= 4 + 6i\end{aligned}$$
　　　　　兩實部、兩虛部相加
　　　　　分別運算

由梨：「雖然你說舉例就能夠瞭解……」

我：「然後，因為複數平面上的點對應所有複數，加法運算後點會移動。」

由梨：「我聽不懂你在說什麼……移動？」

我：「例如，某複數『加上 3』就相當於點『往右移動 3』，因為複數 $a + bi$ 加上 3 會是 $(a + 3) + bi$。這可以用畫圖的方式來幫助瞭解。」

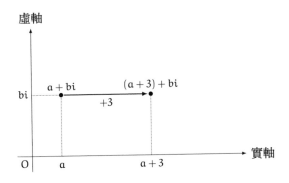

「加上 3」與「向右移動 3」

由梨：「喵來如此……啊！這跟實數的情況一樣。」

我：「對喔，實數的加法是點在實軸上移動。」

由梨：「那『減去 3』就會是『向左移動 3』囉。」

我：「沒錯。那麼，出個問題。『加上 i』的運算會怎麼移動？」

由梨：「『加上 i』是……『向上移動 1』？」

$$a + bi \quad \xrightarrow{+i} \quad a + (b+1)i$$

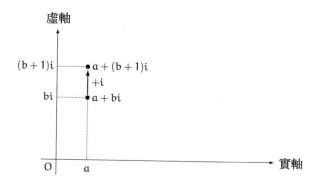

「加上 1」與「向上移動 1」

我：「正確。然後，『加上 $3 + i$』就相當於『向右移動 3、向上移動 1』。」

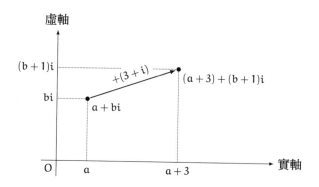

「加上 $3 + i$」與「向右移動 3、向上移動 1」

由梨：「哥哥？這跟向量的情況好像哦。」

我：「啊啊，是呢，這跟兩平面向量的相加類似。[*]」

---

[*]參見《數學女孩秘密筆記：向量篇》

由梨：「當時出現了平行四邊形。」

我：「向量的相加可畫成平行四邊形的對角線。若將實部當作 x 座標、虛部當作 y 座標，則複數的相加就相當於向量的相加。」

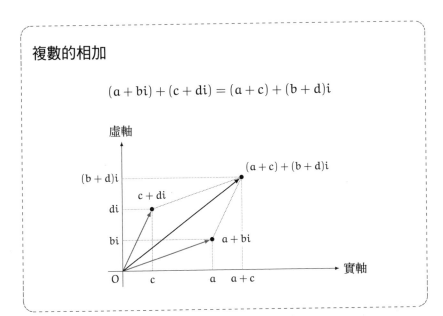

複數的相加

$$(a + bi) + (c + di) = (a + c) + (b + d)i$$

向量的相加

$$(a, b) + (c, d) = (a + c, b + d)$$

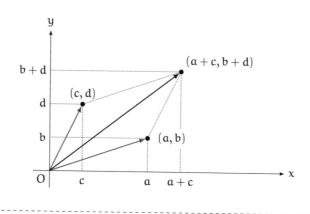

由梨：「一模一樣呢。」

2.10　複數的實數倍

我：「定義相加後，接著來定義複數的實數倍吧。」

由梨：「就是乘法嘛。」

我：「複數的實數倍是使用實數的實數倍來定義，跟相加的情況一樣。」

複數的實數倍

假設 a、b、r 為實數，則複數 $a + bi$ 的 r 倍定義為下式：

$$r(a+bi) = ra + (rb)i$$

由梨：「這樣就定義完了嗎？」

我：「對喔，把左邊的 $r(a + bi)$ 定義為右邊的 $ra +(rb)i$；實數 r 乘上複數 $a + bi$ 所得到的複數，定義為等於 $ra +(rb)i$ 所得到的複數。」

$$\underbrace{r}_{\text{實數}} \underbrace{(a+bi)}_{\text{複數}} = \underbrace{ra}_{\text{實數}} +(\underbrace{rb}_{\text{實數}})i$$

由梨：「嗯⋯⋯那接下來要定義什麼？」

我：「沒有了。在繼續講下去之前，試著舉個例子吧。例如說，$2 + i$ 的 3 倍會是如何呢？」

由梨：「簡單！只要套用定義就能夠得出答案。」

$$3(2+i) = 3 \times 2 + 3 \times i = 6 + 3i$$

我：「沒錯！我們試著放到複數平面上來看吧。」

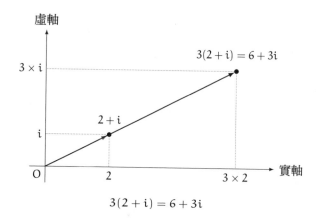

$$3(2 + i) = 6 + 3i$$

由梨：「啊！原來是這麼回事啊！」

我：「怎麼回事？」

由梨：「實數倍是筆直地向前伸長！」

我：「對，不過並非都是『伸長』喔。$r > 1$ 時它會遠離原點；$0 < r < 1$ 時則會接近原點。」

由梨：「對耶。」

我：「例如，$2 + i$ 的 $\frac{1}{2}$ 倍會如何呢？」

由梨：「跟剛剛的計算一樣……」

$$\frac{1}{2}(2 + i) = \frac{1}{2} \times 2 + \frac{1}{2} \times i = 1 + \frac{1}{2}i$$

我：「對，這樣放到複數平面上，的確是會逐漸接近原點。」

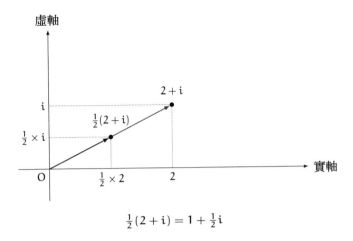

$$\tfrac{1}{2}(2 + i) = 1 + \tfrac{1}{2}i$$

由梨：「該不會乘上 − 1 後，會變成往反方向吧?!」

我：「沒錯！」

由梨：「例如，2 + i 的 − 1 倍會是

$$(-1) \times (2 + i) = (-1) \times 2 + (-1) \times i = -2 - i \quad」$$

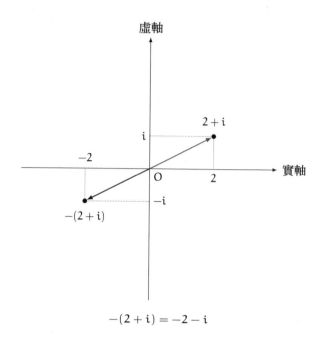

$$-(2+i) = -2-i$$

我：「的確會變成反方向。跟實數乘上負數時的狀況相同，『方向』會整個反轉過來（參見 p. 13）。」

由梨：「哥哥！複數的『方向』在什麼地方呢？」

2.11　複數的「方向」在什麼地方？

我：「複數的『方向』在什麼地方？」

由梨：「你看，實數不是有『方向』和與原點的『距離』嗎？這樣的話，複數應該也有『方向』和與原點的『距離』吧？」

我：「喔……是這個意思啊。」

由梨：「與原點的距離，實數和複數都有『絕對值』。這樣的話，『方向』在什麼地方呢？」

我：「實數的『方向』相當於『正負號』，用來表示就數線上原點來看，該實數位於正負哪一邊。只要是 0 以外的實數就肯定會位於正與負的其中一邊。」

由梨：「就是這個！複數也有『方向』嗎？」

我：「複數的『方向』嗎……原來如此，這個想法非常棒喔，由梨！」

由梨：「啊！但是，實數以外的複數不能夠跟 0 比較大小，這樣就沒辦法討論了嗎？」

我：「不，沒有問題喔，複數也是能夠討論『方向』的！」

由梨：「設法跟 0 比較大小嗎？」

我：「不是這樣。嗯……好吧。妳想要將實數的『方向』拓展，來討論複數的『方向』對吧。」

由梨：「還要保持整合性。」

我：「這樣的話，試著先從實數中取出『方向』吧！」

2.12 從實數中取出「方向」

由梨：「咦？能夠只取出『方向』嗎？」

我：「妳剛才不是說過，實數有『方向』和與原點的『距離』嘛。所以，只要從實數中捨去『距離』的部分，就能夠只留下『方向』了。」

由梨：「嗚哇！這能夠做到嗎？」

我：「沒問題，只要將**實數** a **除以絕對值** $|a|$，這樣一來，該值就會是表示『方向』喔。但為了要預防除以 0 的情況，我們需要事先假設 $a \neq 0$。」

由梨：「為什麼這樣做就會變成『方向』？我完全沒辦法理解。」

我：「舉幾個具體的例子，妳馬上就能夠理解了。試著將各種實數除以其絕對值吧！」

• 正數的情況

$$\frac{+3}{|+3|} = +1$$

$$\frac{+1}{|+1|} = +1$$

$$\frac{+1000}{|+1000|} = +1$$

$$\frac{+123.45}{|+123.45|} = +1$$

• 負數的情況

$$\frac{-3}{|-3|} = -1$$

$$\frac{-1}{|-1|} = -1$$

$$\frac{-1000}{|-1000|} = -1$$

$$\frac{-123.45}{|-123.45|} = -1$$

由梨：「啊，我懂了。實數 a 除以絕對值 $|a|$ 後，就會變成＋1 或者－1 其中之一嘛，這是理所當然的！」

我：「只要將 0 以外的實數除以絕對值，就可以說是取出了實數的『方向』。＋1 代表正向；－1 代表負向。」

將 0 以外的實數 a 除以絕對值來取出「方向」

$$\frac{a}{|a|} = \begin{cases} +1 & a > 0 \text{ 的情況} \\ -1 & a < 0 \text{ 的情況} \end{cases}$$

由梨：「原來如此……哦哦哦哦？該不會？」

我：「該不會？」

由梨：「將複數除以絕對值，就能夠取出複數的『方向』？」

我：「嗯，肯定沒錯！」

由梨：「哎——但是，這樣做會出現什麼東西？」

我：「數學式會告訴我們的，我敢肯定！來嘗試看看吧！」

2.13　從複數取出「方向」

由梨：「將複數 $a + bi$ 除以 $|a + bi|$ 嗎？」

我：「沒錯，使用絕對值的定義 $|a + bi| = \sqrt{a^2 + b^2}$。」

$$
\begin{aligned}
\frac{a + bi}{|a + bi|} &= \frac{a + bi}{\sqrt{a^2 + b^2}} \quad &\text{由絕對值的定義得到} \\[2mm]
&= \frac{a}{\sqrt{a^2 + b^2}} + \frac{b}{\sqrt{a^2 + b^2}}i \quad &\text{實部和虛部分別除以} \sqrt{a^2 + b^2}
\end{aligned}
$$

由梨：「最後會變成這樣的式子……

$$
\frac{a}{\sqrt{a^2 + b^2}} + \frac{b}{\sqrt{a^2 + b^2}}i
$$

……哪邊都沒有出現『方向』啊！只是變成一個混亂的式子而已。」

我：「但這個式子是表示複數，試著調查它落在複數平面上的什麼地方吧。」

由梨：「落在複數平面上的什麼地方？」

我：「只要確認實部和虛部，就能知道它會落在複數平面上的什麼地方。」

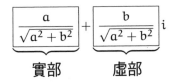

由梨：「是沒錯啦……會落在什麼地方呢？」

我：「會落在以原點為中心、半徑為 1 的圓，也就是**單位圓**的
圓周上！」

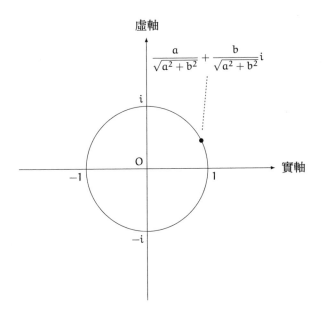

由梨：「誒──」

我：「反應好冷淡。只要可以確認該複數在複數平面上與原點
的距離為 1，就能夠馬上理解了。」

$$\sqrt{實部^2 + 虛部^2} = \sqrt{\left(\frac{a}{\sqrt{a^2+b^2}}\right)^2 + \left(\frac{b}{\sqrt{a^2+b^2}}\right)^2}$$

$$= \sqrt{\frac{a^2}{a^2+b^2} + \frac{b^2}{a^2+b^2}}$$

$$= \sqrt{\frac{a^2+b^2}{a^2+b^2}}$$

$$= 1$$

由梨：「我不是這個意思。我知道距離為 1，但為什麼

$$\frac{a}{\sqrt{a^2+b^2}} + \frac{b}{\sqrt{a^2+b^2}}i$$

會是『方向』？」

我：「這樣啊，沒有畫出 $a + bi$ 會不太好理解呢。」

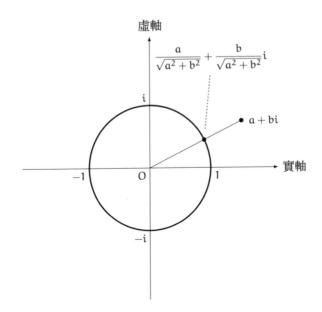

由梨：「啊！原來是這麼一回事！這就能夠表示複數 $a + bi$ 從原點看來的方位？」

我：「沒錯！在單位圓的圓周上，複數

$$\frac{a + bi}{|a + bi|}$$

就表示從原點看來 $a + bi$ 的『方向』。」

將 0 以外的複數 $a + bi$ 除以絕對值來取出「方向」

$$\frac{a + bi}{|a + bi|} = \frac{a}{\sqrt{a^2 + b^2}} + \frac{b}{\sqrt{a^2 + b^2}}i$$

由梨：「原來如此！啊，這也有整合性！」

我：「的確。複數 $a + bi$ 為實數時，根據 a 的正負，結果會是 1 或者 -1。」

由梨：「真有意思！」

我：「沒錯，只要知道複數的方向後，就能做乘法的運算。」

由梨：「咦？乘法前面做過了啊。」

我：「前面做的是實數×複數，我們還沒有做過複數×複數。」

由梨：「對哦……但是，乘法跟『方向』有關係嗎？」

我：「負數×負數的時候，會跟『方向』有關係。」

由梨：「！！！」

「若想要進一步擴展世界，該怎麼做才好呢？」

第 2 章的問題

●問題 2-1（複數的運算）

試著計算①～⑤。

① $1 + 2$

② $i + 2i$

③ $(1 + 2i) + (3 - 4i)$

④ $2(1 + 2i)$

⑤ $\frac{1}{2}(2 + 2i)$

（解答在 p. 278）

●問題 2-2（複數的性質）

請從①〜④當中，選出所有正確的敘述。

①對於任意複數 z，$z = 0$ 或者 $z \neq 0$ 成立。

②對於任意複數 z，$z - z = 0$ 成立。

③對於任意複數 z，$|z| > 0$ 成立。

④對於任意複數 z，$0z = 0$ 成立。

（解答在 p. 279）

●問題 2-3（複數平面與複數）

如圖所示，複數平面上有九個表示複數的點 A、B、C、D、E、F、G、H、O。請按照絕對值等於、大於或者小於 $\sqrt{2}$，將這些複數分成三類。

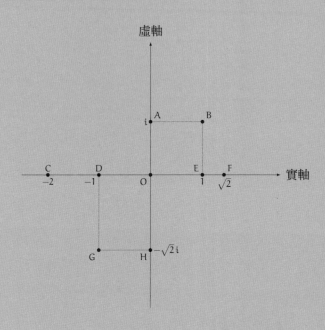

（解答在 p. 281）

第 3 章

水面上的星辰倒影

「若兩人總是共同行動，
就會讓人很想探討他們的關係呢。」

3.1 圖書室

蒂蒂：「由梨真的很厲害耶。不管是複數還是什麼問題，都能夠確實地理解！」

我：「是啊，她遇到想不通的地方，馬上就會發問——不，這我不太確定算不算是好事。」

　　這裡是放學後的圖書室。
　　而蒂蒂是我的高中學妹。
　　放學後，我們總是在這裡享受著「數學對談」。今天的話題是複數，我正在分享之前教表妹由梨複數時的情況。

蒂蒂：「……說起來，這個結果會變成什麼樣子呢？」

我：「變成什麼樣子是指？」

蒂蒂：「當然是複數×複數啊。」

我：「咦，蒂蒂應該有學過複數×複數吧？」

蒂蒂：「有啊，我會做複數的相乘，但我想聽聽學長會怎麼說明。」

我：「這樣嗎？那麼，就從『方向』繼續講下去吧……」

3.2　乘上 i

蒂蒂：「實數和複數的『方向』嗎？」

我：「對，除了 0 以外的情況，可以像這樣整理。」

- 實數 a 在數線上原點的哪個「方向」，
  可由實數 a 除以絕對值 $|a|$ 來表示。
  該值是絕對值為 1 的實數。
- 複數 z 在複數平面上原點的哪個「方向」，
  可由複數 z 除以絕對值 $|z|$ 來表示。
  該值是絕對值為 1 的複數。

蒂蒂：「絕對值為 1 的數就是，距離原點 1 的數嘛。」

我：「沒錯沒錯，妳可以具體說明一下嗎？」

蒂蒂：「好的……具體來說，在數線上是 1 和 −1 兩個實數；在複數平面上，是單位圓軸上的複數，這些數就是用來表示『方向』吧？」

我：「沒錯，就是這麼回事。」

蒂蒂：「複數的方向跟複數的相乘有什麼關係？這點你有向由梨說明了嗎？」

我：「嗯，一開始舉了簡單的例子：

$$1 \times i = i$$

也就是 1 乘上 *i* 等於 *i* 時，方向會發生什麼變化的例子。」

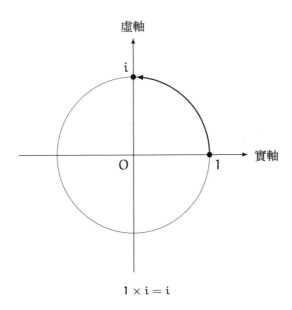

$$1 \times i = i$$

蒂蒂：「嗯⋯⋯這是指對 1 做『乘上 *i*』的運算後，1 會『旋轉 90°』的意思嗎？」

我：「沒錯，就是這個意思。

• 1 乘上 *i* 後，結果會等於 *i*。

• 1 旋轉 90° 後，會與 *i* 重疊。

　　這就是複數的相乘跟方向有關的簡單例子。」

蒂蒂：「原來如此，先從簡單的例子講起啊⋯⋯」

我：「然後，我又舉了這個例子：

$$1 \times i \times i = -1$$

也就是 1 乘上 i 再乘上 i，最後等於 -1 的例子。」

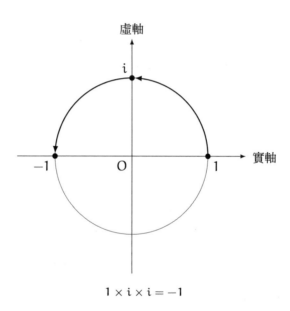

$$1 \times i \times i = -1$$

蒂蒂：「原來如此！反覆兩次『乘上 i』就相當於『乘上 -1』
　　的運算，這樣剛好就會是 90 ＋ 90 ＝ 180 的『旋轉
　　180°』！」

我：「對喔，1 反覆進行『乘上 i』的運算後，會像這樣反覆出
　　現 1、i、-1、$-i$ 的數值

$$1 \xrightarrow{\times i} i \xrightarrow{\times i} -1 \xrightarrow{\times i} -i \xrightarrow{\times i} 1 \xrightarrow{\times i} \cdots$$

這就是——」

蒂蒂:「每次改變 90°的方向,不斷繞著圓圈轉!」

蒂蒂大動作地揮舞手臂,肯定是想表現乘上 i 的情況吧。

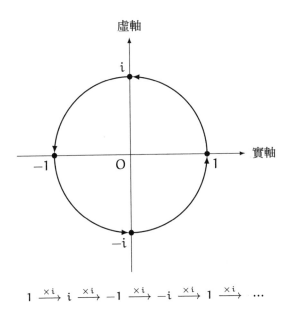

$$1 \xrightarrow{\times i} i \xrightarrow{\times i} -1 \xrightarrow{\times i} -i \xrightarrow{\times i} 1 \xrightarrow{\times i} \cdots$$

我:「由圖中可以看出,只要每乘上一個 i 就會旋轉 90°,乘上兩個則會轉 180°、乘上三個旋轉 270°、乘上四個旋轉便會在 360°後回到原處。」

蒂蒂:「嗯,是的。旋轉 360° 就相當於旋轉 0°;乘上 i^4 就等於乘上 1。」

我:「然後,旋轉 270° 也可以說成旋轉 $-$ 90°,對應 $1 \times i^3 = 1 \times (- i)$ 的情況。」

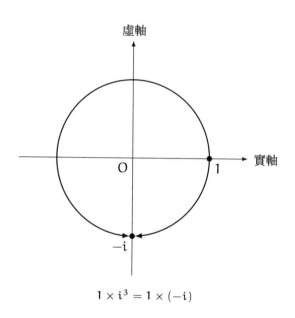

$$1 \times i^3 = 1 \times (-i)$$

蒂蒂:「嗯。」

我:「講到這邊,由 1 反覆乘上 i 的例子,應該可以稍微掌握複數相乘改變方向的意象了。那麼接著來嘗試將 i 乘上一般的複數 $a + bi$:

$$(a + bi) \times i = ai + bii \qquad \text{展開}$$
$$= ai - b \qquad \text{因為 } ii = i^2 = -1$$
$$= -b + ai \qquad \text{交換項的順序}$$

在複數平面上，由 $a + bi$ 移動至 $-b + ai$ 就表示，以原點為旋轉中心、逆時針旋轉 $90°$。這是一個相當重要的觀點。」

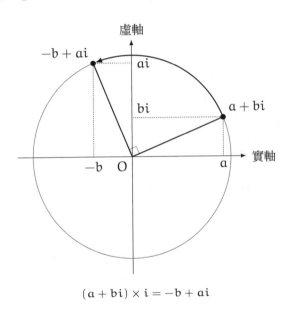

$$(a + bi) \times i = -b + ai$$

蒂蒂：「原來如此，但是這樣看不出來乘上 i 以外複數的情況吧？」

我：「沒錯，乘上 i 旋轉 $90°$ 說到底只是其中一例，因此，我們要來討論一下**一般式**。」

蒂蒂：「原來如此，要展開 $a + bi$ 和 $c + di$ 兩複數的乘積嘛！

$$(a + bi)(c + di)$$

　　馬上就來計算！」

$$
\begin{aligned}
(a + bi)(c + di) &= (a + bi)c + (a + bi)di && \text{展開} \\
&= ac + bic + adi + bidi && \text{進一步展開} \\
&= ac + bci + adi + bdii && \text{改變文字順序} \\
&= ac + bci + adi - bd && \text{因為 } ii = i^2 = -1 \\
&= (ac - bd) + (ad + bc)i && \text{提出 } i
\end{aligned}
$$

我：「嗯……就複數的相乘來說，結果正確。將 i 當成普通的文字，展開 $(a + bi)(c + di)$ 嘛。只要規定跟實數一樣，複數也滿足分配律、交換律、結合律，就能夠決定複數×複數該如何定義。」

蒂蒂：「好，這樣定義就好了吧……變成複雜的式子了耶。」

$$(a + bi)(c + di) = (ac - bd) + (ad + bc)i$$

我：「不過，我對由梨講解得並沒有那麼深入。」

蒂蒂：「哦？哎呀呀。」

我：「因為我想先講有關方向的事情。」

蒂蒂：「有關方向……」

我：「對，乘上 i 後會出現單位圓和角度，自然就會讓人聯想到三角函數。」

蒂蒂：「三角函數！」

3.3 從單位圓到三角函數

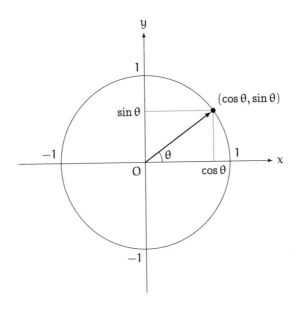

單位圓周上的點與三角函數

我：「以原點為中心畫出半徑為 1 的單位圓後，將圓周上的點寫成

$$(\cos \theta, \sin \theta)$$

這樣沒有問題吧？」

蒂蒂：「嗯⋯⋯沒有問題。」

我：「單位圓周上的點座標，在圖中是以 θ 的角度來表達。使用 cos 和 sin 的三角函數，來討論單位圓周上的點：

- 該點的 x 座標記為 $\cos\theta$；
- 該點的 y 座標記為 $\sin\theta$。

利用單位圓定義 $\cos$ 和 $\sin$ 兩個函數，此時的角度 θ 稱為**幅角**。」

蒂蒂：「嗯，$\cos$ 和 $\sin$ 是『朋友』！」

我：「現在，將單位圓座標平面的 x 軸視為實軸、y 軸視為虛軸。這樣一來，座標平面就能夠直接看作是複數平面。」

蒂蒂：「將複數 $a + bi$ 的實部 a 當作 x 座標的值、虛部 b 當作 y 座標的值——的意思嗎？」

我：「沒錯。座標平面單位圓周上的點，可表達成

$$(\cos\theta, \sin\theta)$$

那麼，若將該點換到複數平面上，會變成什麼樣的複數呢？」

蒂蒂：「因為實部為 $\cos\theta$、虛部為 $\sin\theta$，所以是複數 $\cos\theta + \sin\theta i$。」

我：「正確！……雖然想要這麼說，但有個小疏失。寫成 $\sin\theta i$ 容易誤以為是 $\sin(\theta i)$，妳在這邊想要說的是『$\sin\theta$ 倍的 i』，所以應該是 $(\sin\theta)i$。雖然直接表達成 $(\sin\theta)i$ 也可以，但只要寫成 $i\sin\theta$ 就可以省略括號。」

蒂蒂：「原來如此。複數平面單位圓周上的複數，可以表達成

$$\cos\theta + i\sin\theta$$

這樣呢。」

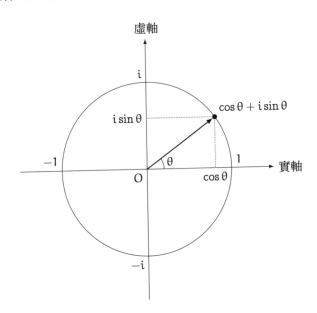

複數平面單位圓周上的點可表達成 $\cos\theta + i\sin\theta$

我：「沒錯。雖然這個例子是在說單位圓周上的複數，但一般的複數 z 也可表達成同樣的形式。」

蒂蒂：「一般的複數不是表達成 $z = a + bi$ 嗎？」

我：「對，是這樣沒錯，但現在我想要將複數 z 以絕對值 $|z|$ 和幅角 θ 來表達。」

蒂蒂：「想要將一般複數以絕對值和幅角來表達……」

我：「複數 z 等於單位圓周上的複數 $\cos\theta + \sin\theta i$ 乘以 $|z|$ 倍，

也就是

$$z = |z|(\cos \theta + i \sin \theta)$$

這樣子。」

蒂蒂:「……對、對不起,我聽不太懂。」

我:「只要畫出圖形後,就能夠明白了。」

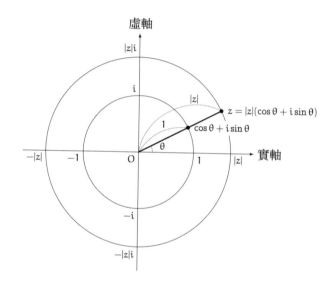

複數 z 是 $|z|$ 倍的 $\cos \theta + i \sin \theta$

蒂蒂:「哈啊……先以單位圓周的點決定『方向』,再延伸拉長的意思嗎?」

我:「沒錯,不過是伸長還是縮短會根據 $|z|$ 值來決定。」

蒂蒂:「啊,對哦。」

我：「討論幅角的時候，通常會先決定 θ 的範圍，例如 0°≦ θ
　　< 360°、− 180°< θ ≦180° 等。這是為了使一個複數 z 的
　　θ 只對應一個數值，也就是唯一決定 θ 值。」

蒂蒂：「一個複數 z 的 θ 值不只一個嗎？」

我：「對喔，不只一個。若沒有規定範圍，甚至可以旋轉好幾
　　圈。」

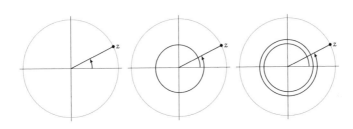

蒂蒂：「啊，說的也是。」

我：「然後，z = 0 時也可以寫成 z = |z|(cos θ + i sin θ)，但此時
　　的 θ 值為多少都沒有影響，所以 z = 0 通常會特別處理。」

蒂蒂：「我瞭解了。」

我：「使用三角函數時，角度的單位通常不是**度**而是**弧度**，所
　　以 0°≦ θ < 360°會換成 0≦ θ < 2π。360°等於 2π 弧度。」

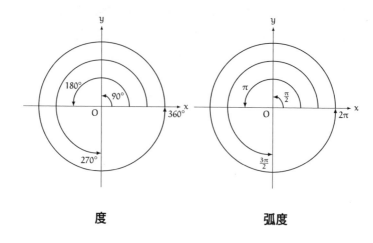

度　　　　　　　　　　　　弧度

蒂蒂：「沒問題……那接下來會如何呢？」

我：「妳剛才有說一般複數 z 可以寫成

$$z = a + bi$$

使用實部 a 和虛部 b 來表達，這個方法當然正確。不過，我們知道相同的複數 z，也可以寫成

$$z = |z|(\cos\theta + i\sin\theta)$$

使用絕對值 $|z|$ 和幅角 θ 來表達，這個方法也是正確的。」

蒂蒂：「……」

我：「因為同一個複數 z 能夠用兩種方法表達，所以下式成立：

$$a + bi = |z|(\cos\theta + i\sin\theta)$$

右邊展開後變成

$$\underbrace{a}_{\text{實部}} + \underbrace{b}_{\text{虛部}} \text{i} = \underbrace{|z|\cos\theta}_{\text{實部}} + \text{i}\underbrace{|z|\sin\theta}_{\text{虛部}}$$

複數相等表示實部和虛部分別相等，可知下述關係成立

$$\begin{cases} a = |z|\cos\theta & \text{實部} \\ b = |z|\sin\theta & \text{虛部} \end{cases}$$

」

蒂蒂：「原來如此……」

我：「這樣我們就掌握了複數的兩種表徵方式，也可以說是兩種觀點。」

蒂蒂：「兩種觀點……嗎？」

3.4 極式

我：「對，將複數寫成 $a + bi$ 的觀點，與寫成 $r(\cos\theta + i\sin\theta)$ 的觀點。」

蒂蒂：「這邊出現的 r 是什麼東西？」

我：「啊，抱歉。這是假設 $r = |z|$ 的情況。複數以絕對值 $|z|$ 和幅角 θ 的表達形式稱為**極式**，極式中通常將絕對值記為 r，不小心就直接使用了。」

蒂蒂：「為什麼是使用英文字母 r 呢？」

我：「r 是半徑的意思。」

蒂蒂：「啊，『radius』嘛。」

我：「極式肯定會出現圓，以原點為中心、原點與複數連線為半徑的圓。r 既是該圓的半徑，也是原點與複數的距離，同時亦為複數的絕對值，所以必定滿足 $r \geqq 0$。」

蒂蒂：「的確，r 會大於等於 0。」

我：「複數大致上有兩種表徵方式：

- 若關注實部 a 和虛部 b，則複數記為 $a + bi$；
- 若關注絕對值 r 和幅角 θ，則複數記為 $r(\cos\theta + i\sin\theta)$。

我們能夠根據需要來切換表達。」

蒂蒂：「原來如此。我瞭解兩種不同觀點及這兩種表徵方式的意義了。$a + bi$ 是使用實軸上的實數 a 和虛軸上的 bi 表達複數，但這不過是其中一種方式而已。」

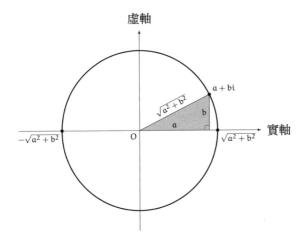

以 $a + bi$ 表示複數

我:「是的。$r(\cos\theta + i\sin\theta)$ 表示圓規張開半徑 $r = |z|$、角度 θ 的點。在複數平面上,任意點都可用半徑和角度的組合來指定,所以這也可用來表達複數。」

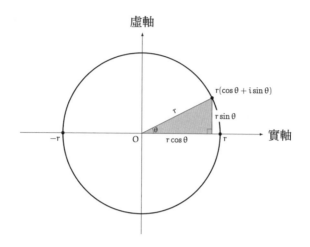

以 $r(\cos\theta + i\sin\theta)$ 表達複數

蒂蒂：「這樣我就弄懂了。」

	以實部和虛部表達	以極式表達
一般的複數	$a + bi$	$r(\cos\theta + i\sin\theta)$
實部	a	$r\cos\theta$
虛部	b	$r\sin\theta$
絕對值	$\sqrt{a^2 + b^2}$	r

複數的兩種表徵方式

我：「以實部和虛部表達複數，代表以直角座標表示複數平面。
　　與此相對的，也可以說──以極式表達複數，代表以極座
　　標表示複數平面。」

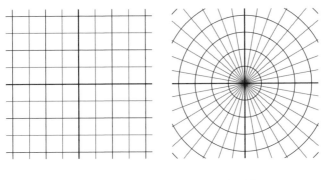

直角座標　　　　　　極座標

蒂蒂：「哈啊……」

我：「那麼，終於要來討論複數的相乘了！」

蒂蒂：「好的！」

3.5 複數的相乘

我：「妳前面有提到複數的相乘運算嘛。」

蒂蒂：「對，運算結果會像這樣。」

$$(a + bi)(c + di) = (ac - bd) + (ad + bc)i$$

我：「這是以實部和虛部討論相乘。」

蒂蒂：「……以絕對值和幅角討論會如何呢？」

我：「先試著以絕對值和幅角表達兩個複數。」

$$\begin{cases} z_1 = |z_1|(\cos\theta_1 + i\sin\theta_1) \\ z_2 = |z_2|(\cos\theta_2 + i\sin\theta_2) \end{cases}$$

蒂蒂：「接著將兩個複數相乘後展開嗎？」

我：「是的。我們準備要做的是，使用 $|z_1|$、$|z_2|$、θ_1、θ_2 來表達乘積 z_1z_2。」

$$z_1z_2 = \underbrace{|z_1|(\cos\theta_1 + i\sin\theta_1)}_{z_1}\ \underbrace{|z_2|(\cos\theta_2 + i\sin\theta_2)}_{z_2}$$
$$= |z_1||z_2|(\cos\theta_1 + i\sin\theta_1)(\cos\theta_2 + i\sin\theta_2)$$

蒂蒂：「雖然會變得非常複雜，但還要再進一步展開嘛？」

我：「是這樣沒錯，但在展開之前，可以先試著仔細觀察一下。

$$\underbrace{|z_1||z_2|}_{\text{絕對值的乘積}}\ \underbrace{(\cos\theta_1 + i\sin\theta_1)(\cos\theta_2 + i\sin\theta_2)}_{\text{單位圓周上的複數乘積}}$$

換言之，後面看起來複雜的部分，是單位圓周上兩複數的相乘。」

蒂蒂：「真的耶。那麼，接下來展開式子……」

$$z_1z_2 = \cdots$$
$$= |z_1||z_2|(\cos\theta_1 + i\sin\theta_1)(\cos\theta_2 + i\sin\theta_2)$$
$$= |z_1||z_2|((\cos\theta_1\cos\theta_2 - \sin\theta_1\sin\theta_2) + i(\sin\theta_1\cos\theta_2 + \cos\theta_1\sin\theta_2))$$
$$= \text{這、這該不會是……加法定理？}$$

我：「是的，仔細觀察①和②的形式就會注意到嘛。

$$|z_1||z_2|((\underbrace{\cos\theta_1\cos\theta_2 - \sin\theta_1\sin\theta_2}_{①}) + i(\underbrace{\sin\theta_1\cos\theta_2 + \cos\theta_1\sin\theta_2}_{②}))$$

加法定理是從 cos 和 sin 的定義推導而來的定理。我們計算
出來的式子形式，完全符合加法定理。」

加法定理

$$\begin{cases} \cos(\alpha + \beta) = \cos\alpha\cos\beta - \sin\alpha\sin\beta \\ \sin(\alpha + \beta) = \sin\alpha\cos\beta + \cos\alpha\sin\beta \end{cases}$$

蒂蒂：「嗯，學長前陣子才仔細教過我加法定理*。」

我：「對，其實加法定理有點讓由梨耗盡耐心，不過想要一次
講解完的我也有不對的地方就是了。」

蒂蒂：「畢竟式子很複雜嘛……」

我：「雖然式子很複雜，但只要掌握關鍵的重點，就可知道在
什麼時候使用加法定理。左邊出現了 $\alpha+\beta$；右邊出現了 α
和 β，所以會用於將 $\alpha+\beta$ 分成 α 和 β 的時候，或者反過來
將 α 和 β 合成 $\alpha+\beta$ 的時候。」

$$\begin{cases} \cos(\alpha + \beta) = \cos\alpha\cos\beta - \sin\alpha\sin\beta \\ \sin(\alpha + \beta) = \sin\alpha\cos\beta + \cos\alpha\sin\beta \end{cases}$$

蒂蒂：「嗯，說的也是！」

我：「使用加法定理，繼續計算乘積 $z_1 z_2$ 會變成這樣。」

---

*參見《數學女孩秘密筆記：圓圓的三角函數篇》。

$$z_1 z_2 = \cdots$$

$$= |z_1||z_2|\big((\cos\theta_1\cos\theta_2 - \sin\theta_1\sin\theta_2) + i(\sin\theta_1\cos\theta_2 + \cos\theta_1\sin\theta_2)\big)$$

$$= |z_1||z_2|\big(\cos(\theta_1+\theta_2) + i\sin(\theta_1+\theta_2)\big)$$

蒂蒂：「整理後會是這樣嘛……」

$$z_1 z_2 = |z_1||z_2|\big(\cos(\theta_1+\theta_2) + i\sin(\theta_1+\theta_2)\big)$$

我：「那麼，妳會怎麼解讀這個式子呢？」

蒂蒂：「怎麼解讀……該怎麼解讀呢？兩複數的相乘可用這個公式求得——嗎？」

我：「妳有看出右邊單位圓周上的點吧。」

$$z_1 z_2 = |z_1||z_2|\big(\underbrace{\cos(\theta_1+\theta_2) + i\sin(\theta_1+\theta_2)}_{\text{單位圓周上的點}}\big)$$

蒂蒂：「啊，有，幅角是 $\theta_1 + \theta_2$。」

我：「就是這裡！幅角會變成相加！這邊很有意思。」

$$z_1 z_2 = \underbrace{|z_1||z_2|}_{\text{相乘}}\big(\cos(\underbrace{\theta_1+\theta_2}_{\text{相加}}) + i\sin(\underbrace{\theta_1+\theta_2}_{\text{相加}})\big)$$

蒂蒂：「哈啊……」

我：「在複數運算中，可說『乘積的絕對值是絕對值相乘』。」

$$|z_1 z_2| = |z_1||z_2|$$

蒂蒂：「……」

我：「然後，在複數運算中，『乘積的幅角是幅角相加』。若將複數 z 的幅角表達成 $\arg(z)$，則可寫成

$$\arg(z_1 z_2) = \arg(z_1) + \arg(z_2)$$

在這個等式中，2π 的整數倍可視為等價表達[*]。『乘積的幅角是幅角相加』是什麼意思呢？這可以藉由畫在複數平面上來幫助理解。z_1 的幅角加上 z_2 的幅角，會變成 $z_1 z_2$ 的幅角！」

---

[*] 參見〈附錄：複數的極式表達〉（p. 137）。

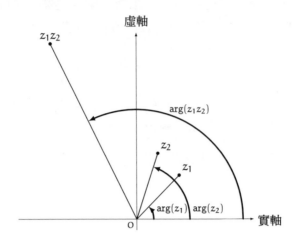

z_1、z_2、z_1z_2 **的幅角**

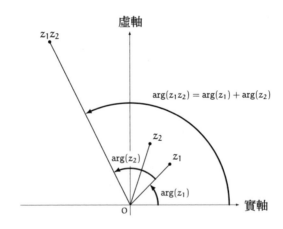

「乘積的幅角是幅角相加」

蒂蒂：「請、請等一下。arg (z)是幅角……？」

我：「講得有點太快嗎？$z = r(\cos\theta + i\sin\theta)$ 是以 r 和 θ 表達 z 的形式，這邊反過來以 z 來表達 r 和 θ，記為 $r = |z|$、$\theta = \arg(z)$。其中，由於 $z = 0$ 時無法唯一決定幅角，所以我們並未定義 $\arg(0)$。」

蒂蒂：「啊啊……我瞭解了。$\arg(z)$*是從 z 求得幅角的函數嘛。」

我：「沒錯。」

蒂蒂：「我來整理一下前面的內容。」

- 我們討論了複數的相乘
- 舉了 z_1 和 z_2 兩複數的乘積來當具體的範例
- 假設幅角為 θ_1，記為 $z_1 = |z_1|(\cos\theta_1 + i\sin\theta_1)$
- 假設幅角為 θ_2，記為 $z_2 = |z_2|(\cos\theta_2 + i\sin\theta_2)$
- 使用加法定理計算乘積 $z_1 z_2$，得到

$$z_1 z_2 = |z_1||z_2|(\cos(\theta_1 + \theta_2) + i\sin(\theta_1 + \theta_2))$$

　仔細觀察這個式子──
- 乘積的絕對值 $|z_1 z_2|$ 可由 $|z_1||z_2|$ 求得。
  換言之，「乘積的絕對值是絕對值相乘」。
- 將 2π 弧度的整數倍視為等價表達，則乘積的幅角 arg $(z_1 z_2)$，可由幅角的相加 arg (z_1)+ arg (z_2)求得。換言之，「乘積的幅角是幅角的相加」。

---

*arg 的名稱取自英文的「argument」（幅角）。

我：「嗯，沒錯，謝謝妳的整理！」

蒂蒂：「哪裡，我才要謝謝學長。」

3.6 共軛複數

我：「我也有向由梨講解同樣的事情。」

蒂蒂：「明明複數×複數只是複數之間的乘法——卻感覺世界擴展了許多呢。」

我：「是啊，感覺就像在複數平面上『團團轉』似的。」

蒂蒂：「我的腦袋和心情也跟著『團團轉』了⋯⋯」

我：「我跟由梨有聊到複數的相乘，但還沒有說明**共軛複數**的概念。」

蒂蒂：「共軛複數⋯⋯就像是『**水面上的星辰倒影**』嘛！」

我：「水面上的星辰倒影？」

蒂蒂：「嗯，對啊，共軛複數就是指 $a + bi$ 和 $a - bi$ 嘛？」

我：「沒錯，正式來說的話⋯⋯

　　　　對於複數 $a + bi$，
　　　　複數 $a - bi$ 稱為
　　　　$a + bi$ 的共軛複數。

複數 $a + bi$ 的共軛複數是 $a - bi$，而複數 $a - bi$ 的共軛複數是 $a + bi$，或者說 $a + bi$ 和 $a - bi$ 為**複共軛關係**。」

- 複數 $a + bi$ 的共軛複數是 $a - bi$
- 複數 $a - bi$ 的共軛複數是 $a + bi$
- $a + bi$ 和 $a - bi$ 為複共軛關係

蒂蒂：「好的，這兩個複數……也就是 $a + bi$ 和 $a - bi$，在複數平面上看起來會是像這樣的兩個點。」

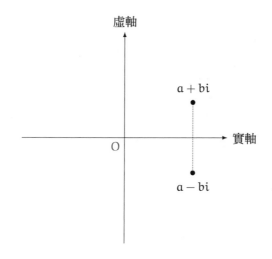

$a + bi$ 和 $a - bi$ 為複共軛關係

我：「沒錯。」

蒂蒂：「我認為這就像是『水面上的星辰倒影』[*]。」

---

[*]參見《數學女孩：伽羅瓦理論》。

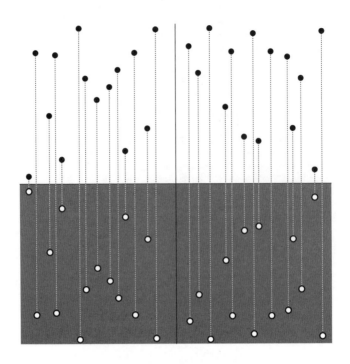

「水面上的星辰倒影」
共軛複數虛部的正負號反轉

我：「嗯，的確很像。若以實軸作為對稱軸，$a + bi$ 和 $a - bi$ 會落在對稱的位置。」

蒂蒂：「對啊，但那個……共軛複數究竟是什麼？」

3.7 共軛複數的性質

我：「共軛複數是什麼？這個問題有點難回答，畢竟妳也知道它的定義。」

蒂蒂：「這麼說也是……我是想要問什麼呢？為什麼需要討論共軛複數呢？」

我：「共軛複數具備著有趣的性質，複共軛關係的兩複數相加後會是實數，而相乘也肯定會變成實數。」

共軛複數的相加與相乘

複共軛關係的複數相加、相乘後皆為實數。

換言之，對於實數 a、b 和虛數單位 i，下面的敘述成立：

- 相加兩者 $(a + bi) + (a - bi)$ 會是實數；
- 相乘兩者 $(a + bi)(a - bi)$ 會是實數。

蒂蒂：「嗯……這個我好像能夠證明，只要實際計算就行了吧？」

$$\begin{aligned}
相加 &= (a + bi) + (a - bi) \\
&= a + bi + a - bi \\
&= 2a \\
相乘 &= (a + bi)(a - bi) \\
&= aa - abi + bia - bbii \\
&= a^2 - abi + abi - b^2 i^2 \\
&= a^2 - (-b^2) \\
&= a^2 + b^2
\end{aligned}$$

我：「相加變成 $2a$；相乘變成 $a^2 + b^2$。這樣一來——」

蒂蒂：「嗯，這樣就證明了相加、相乘都會變成實數。因為 a 和 b 為實數，所以 $2a$、$a^2 + b^2$ 也會是實數。」

我：「沒錯，尤其是**相乘**特別有意思！」

蒂蒂：「相乘是指 $(a + bi)(a - bi) = a^2 + b^2$ 嗎？」

我：「$a^2 + b^2$ 會等於 $|a + bi|$、$|a - bi|$ 的平方喔！」

$$\begin{aligned}
|a + bi|^2 &= \left(\sqrt{a^2 + b^2}\right)^2 &= a^2 + b^2 \\
|a - bi|^2 &= \left(\sqrt{a^2 + (-b)^2}\right)^2 &= a^2 + b^2
\end{aligned}$$

蒂蒂：「真的耶——但那個，不好意思。我的腦中又浮現 So what？（那又如何？）了。」

我：「嗯，果然。」

蒂蒂：「在讀數學的時候，會教說『該數具備這樣的性質』『該

式可導出這種關係』之類的。雖然有時會覺得有趣，也會有『原來如此！』的想法，但心中時常會殘留『疙瘩』。『具備這樣的性質又如何？』『導出這種關係又怎麼樣？』……像這樣的『疙瘩』。」

我：「嗯，我知道妳會有這種感覺。」

蒂蒂：「不、不好意思，沒辦法率直地受教。」

我：「蒂蒂很率直喔。妳總是率直地面對自己『不瞭解的心情』。」

蒂蒂：「謝……謝謝誇獎！」

我：「話說回來，我可能無法回答妳問的『那又如何？』，也沒有辦法清楚說明『複共軛關係的兩複數乘積是絕對值的平方』是哪裡有趣。」

蒂蒂：「這樣啊……」

我：「不過，擺弄式子察覺到其中『有所關聯』的時候，會覺得很有意思。感覺『曾經做過類似的計算』、發現『曾經看過這種式子形式』的時候，也會感到非常有趣。」

蒂蒂：「啊……我也瞭解這樣的感受。」

我：「我喜歡將數學式轉換成各種形式，於是逐漸累積了『這種情況經常發生』的經驗。就像妳常說的與概念『做朋友』，使用數學式計算就像是跟朋友聊天一樣。和朋友聊天的時候，不會一一思考『現在聊的東西有什麼用處』吧。」

蒂蒂：「的確——是這樣沒錯。」

我：「不曉得有什麼用處、也不清楚代表的意義，但不知為何就覺得很快樂，不知為何想要繼續聊下去。」

蒂蒂：「對啊、對啊……不過，聊完天回到家後，那個……該怎麼說……一個人獨處時經常會想著：『剛才那個人的那句話有什麼意義嗎？』」

我：「嗯，擺弄數學式的時候也是同樣的情況！雖然感覺有意義卻不太明白，想要弄清楚卻不曉得該怎麼做，正因為如此，所以想要繼續計算、繼續思考。」

蒂蒂：「學長的那種感覺……我非常能夠體會。」

我：「對吧！」

蒂蒂：「……先不論共軛複數的意義，我並不排斥計算本身。只要努力堅持下去，就能夠推進運算。使用 $a + bi$ 和 $c + di$ 來計算，出現 i^2 時換成 -1 就行了嘛。」

我：「是的，沒錯——對了，妳收到這樣的禮物會感到高興嗎？」

蒂蒂：「禮、禮物？當然高興啊！」

3.8　共軛複數的表記

我：「抱歉！說禮物可能有點太誇張了。那個，像是『$a + bi$ 的共軛複數是 $a - bi$』，使用了 a 和 b 嘛。」

蒂蒂：「啊……？」

我：「然後，極式則是『$r(\cos\theta + i\sin\theta)$，其共軛複數是 $r(\cos\theta - i\sin\theta)$』，使用了 r 和 θ。」

蒂蒂：「對，因為它們是共軛複數嘛？」

我：「嗯，是這樣沒錯。不過，如果想要更加瞭解共軛複數，使用專用的表徵會更加方便。」

蒂蒂：「共軛複數專用的表徵……」

我：「沒錯，我們會將複數 z 的共軛複數記為 $\bar{z}$。」

z 與 $\bar{z}$

對於複數 z，其共軛複數記為

$$\bar{z}$$

換言之，也就是

$$\overline{a + bi} = a - bi$$

極式則是

$$\overline{r(\cos\theta + i\sin\theta)} = r(\cos\theta - i\sin\theta)$$

蒂蒂：「這是……禮物？」

我：「抱歉，對不起，我不應該用『禮物』這個詞的。」

蒂蒂：「沒關係。」

我：「妳常說『文字太多會感到混亂』嘛。」

蒂蒂：「啊，是的，我會變得有些『慌慌張張』的。但、但是，我最近已經相當習慣了……」

我：「將 z 的共軛複數記為 $\bar{z}$，許多概念就能夠簡潔地記述下來。例如，妳知道這個在說什麼嗎？」

$$\bar{\bar{z}} = z$$

蒂蒂：「嗯……上頭有兩槓……啊！我知道了。某複數 z 的共軛複數記為 $\bar{z}$，再進一步的共軛複數記為 $\bar{\bar{z}}$，所以是共軛複數的共軛複數會是自己本身的意思。」

我：「沒錯！當然，只要寫成 $z = a + bi$，就能夠馬上證明完成。」

$$\bar{\bar{z}} = \overline{\overline{a + bi}} = \overline{a - bi} = a + bi = z$$

蒂蒂：「依照星辰→倒影→星辰的順序轉換，變回原來的狀態。雖然也有可能是倒影→星辰→倒影。」

我：「對，那這個式子該如何解讀呢？」

$$z\bar{z} = |z|^2$$

蒂蒂：「與共軛複數的乘積會是絕對值的平方！」

$$z\bar{z} = (a + bi)(a - bi) = a^2 + b^2 = \left(\sqrt{a^2 + b^2}\right)^2 = |z|^2$$

我：「沒錯。然後就是這裡喔，蒂蒂。」

蒂蒂：「什麼、什麼？」

我：「我將這個式子看成

$$z\bar{z} = |z|^2$$

然後，討論──若 z 是單位圓周上的點會如何？加上附加條件後，會不會發生有趣的事情呢？」

蒂蒂：「嗯……單位圓周上的點，代表絕對值為 1 的複數，也就是 $|z| = 1$ 的情況嘛。」

我：「是的。若 $|z| = 1$，則 $z\bar{z} = |z|^2 = 1^2 = 1$。相反地，若 $z\bar{z} = 1$，則 $|z| = \sqrt{z\bar{z}} = \sqrt{1} = 1$。換言之，可以這麼描述：

$$|z| = 1 \iff z\bar{z} = 1$$

」

蒂蒂：「對、對不起，我心中又出現 So what？的聲音……」

我：「嗯，$z\bar{z} = 1$ 是代表

絕對值為 1 時，共軛複數會是倒數

的意思。」

蒂蒂：「共軛複數會是倒數？」

我：「對，實數 x 的倒數是指，乘上 x 時等於 1 的實數。」

蒂蒂：「嗯，x 的倒數是 $\frac{1}{x}$。」

我：「同理，複數 z 的倒數也是乘上 z 時等於 1 的複數。這樣的話，複數 z 的絕對值為 1 的時候，z 的倒數可由共軛複數 $\bar{z}$ 求得。」

蒂蒂：「……的確。」

我：「將複數 z 的倒數寫成 $\frac{1}{z}$，則可表達成

$$|z| = 1 \iff \bar{z} = \frac{1}{z}$$

接下來，將 z 的倒數記為 z^{-1}，則可簡潔表達為

$$|z| = 1 \iff \bar{z} = z^{-1}$$

共軛複數和倒數是感覺毫無相關的概念，但突然就產生連結了，非常有趣。另外，$\bar{z} = z^{-1}$ 的寫法也相當有意思，所以才想說喜歡聊天的蒂蒂會感到高興。」

蒂蒂：「這個禮物真棒，謝謝學長！『喜歡聊天的蒂蒂會感到高興』，這句話也是非常棒的禮物！」

我：「那就好。」

蒂蒂：「稍微體會了共軛複數的有趣之處。對我來說，『共軛複數』就像是『水面上的星辰倒影』，具有各式各樣的樣貌……」

我：「嗯，對喔，若是只將複數記為 $a + bi$，『由複數 $a + bi$ 求得共軛複數 $a - bi$』，就僅能看出『反轉虛部 b 的正負號』而已。」

蒂蒂：「嗯，我懂。」

我：「當然，這樣理解並沒有錯，但這究竟只是其中一種觀點。若附加 $|z| = 1$ 的條件，則『由複數 z 求得共軛複數 $\bar{z}$』就可以說是『求得 z 的倒數』。」

蒂蒂：「如果沒有 $|z| = 1$ 的條件會如何呢？」

我：「若沒有條件，因為 $z\bar{z} = |z|^2$，所以

$$\bar{z} = \frac{|z|^2}{z}$$

分子會出現 $|z|^2$。當然，這個也可寫成

$$\bar{z} = |z|^2 z^{-1}$$

像這樣。」

蒂蒂：「……」

我：「共軛複數的乘積很重要，這點跟倒數相似。」

蒂蒂：「共軛複數的乘積很重要……怎麼說？」

我：「若 z 是複數，可能是實數也可能是虛數。但是，z 乘上共軛複數 $\bar{z}$ 後肯定是實數。因為 $|z|^2$ 是實數：

$$z\bar{z} = |z|^2$$

複數 z 乘上共軛複數 $\bar{z}$ 會變成實數，這在式子的變形上是非常有用的性質。」

蒂蒂：「學、學長！我發現了！」

我：「……發現什麼？」

蒂蒂：「我之前將共軛複數理解成『水面上的星辰倒影』，但我剛剛發現了其他的看法！共軛複數是在做逆旋轉！」

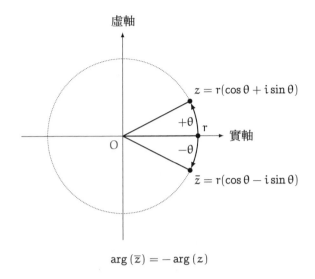

$$\arg(\overline{z}) = -\arg(z)$$

我：「是的，沒錯！這個逆旋轉的情況，可由 $\cos$ 和 $\sin$ 的下述性質來證明喔。

$$\begin{cases} \cos\theta = \ \ \cos(-\theta) & \cos \text{ 是偶函數} \\ \sin\theta = -\sin(-\theta) & \sin \text{ 是奇函數} \end{cases}$$

這樣想的話——

$$\begin{aligned} z \ &= r(\cos\theta + i\sin\theta) \ &= r(\cos\theta + i\sin\theta) \\ \overline{z} \ &= r(\cos\theta - i\sin\theta) \ &= r(\cos(-\theta) + i\sin(-\theta)) \end{aligned}$$

——可知共軛複數的幅角發生正負號反轉。」

蒂蒂：「讓實數 r 旋轉幅角 θ 的複數，與讓實數 r 逆旋轉幅角 $-\theta$ 的複數會是複共軛關係嘛⋯⋯！」

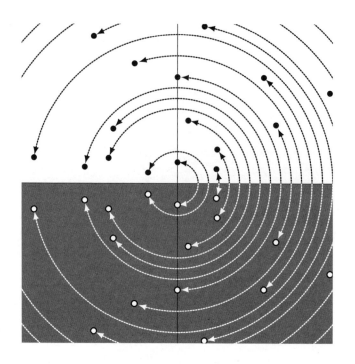

共軛複數的幅角發生正負號反轉

$$\arg(\overline{z}) = -\arg(z)$$

「若兩人一直做著相同的動作，
就會讓人想要探究兩人是否具有相同的關係。」

附錄：複數的極式表達

極式與絕對值

對於任意複數 z，存在滿足下式的實數 $r \geqq 0$ 與實數 θ：

$$z = r(\cos\theta + i\sin\theta) \quad \cdots\cdots \heartsuit$$

這個 $\heartsuit$ 稱為**極式**。

實數 r 等於複數 z 的絕對值。換言之，

$$r = |z|$$

因此，複數 z 能夠唯一決定 r。

極式與幅角

對於一個複數 z，存在無數多個滿足 $\heartsuit$ 的實數 θ。假設滿足 $\heartsuit$ 的實數 θ 之一為 θ_0，則實數 θ_n 全都會滿足 $\heartsuit$。

$$\theta_n = \theta_0 + 2n\pi \quad (n \text{ 為整數})$$

此時的整數 n 即表示以 θ_0 為起點逆時針旋轉 n 圈的角度。

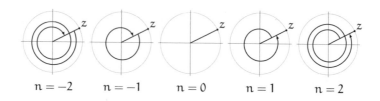

$$n = -2 \qquad n = -1 \qquad n = 0 \qquad n = 1 \qquad n = 2$$

若將無數的實數 θ_n 視為等價來定義**幅角**，則幅角具有 2π 整數倍的不確定性。

對於複數想要唯一決定幅角的時候，須要規定 θ 的範圍為 $0 \leqq \theta < 2\pi$ 或者 $-\pi < \theta \leqq \pi$。

其中，$z = 0$ 的時候，任意實數 θ 皆會滿足♡，所以複數 0 時的幅角並未定義。

考慮幅角的不確定性

在第 3 章的「乘積的幅角是幅角相加」，有出現這個等式（p. 119）：

$$\arg(z_1 z_2) = \arg(z_1) + \arg(z_2)$$

若考慮幅角具有 2π 整數倍的不確定性，則等式表達成「對於任意複數 z_1 和 z_2，存在滿足下式的整數 n：

$$\arg(z_1 z_2) = \arg(z_1) + \arg(z_2) + 2n\pi$$

」比較恰當。

或者，表達成「對於任意複數 z_1 和 z_2，

$$\arg(z_1 z_2) - (\arg(z_1) + \arg(z_2))$$

會是 2π 的整數倍」。

若進一步利用同餘式，則可表達成

$$\arg\left(z_1 z_2\right) \equiv \arg\left(z_1\right) + \arg\left(z_2\right) \quad \left(\bmod\ 2\pi\right)$$

第 3 章的問題

●問題 3-1（複數的乘法）

計算給定的兩數乘積，回答求得的複數實部與虛部。

甲 $1 + 2i$ 和 i

乙 $-\sqrt{2}i$ 和 $\sqrt{2} - i$

丙 $1 + 2i$ 和 $3 - 4i$

丁 $\frac{1}{2}(1 + \sqrt{3}i)$ 和 $\frac{1}{2}(1 - \sqrt{3}i)$

戊 $a + bi$ 和 $c + di$（假設 a、b、c、d 為實數）

（解答在 p. 284）

●問題 3-2（共軛複數的性質）

請從①～⑥當中，選出所有正確的敘述。

- $\bar{z}$ 表示複數 z 的共軛複數；
- $|z|$ 表示複數 z 的絕對值。

① $\overline{a+bi} = a - bi$ 　（a、b 為實數）
② $\overline{a-bi} = a + bi$ 　（a、b 為實數）
③ $\overline{-z} = -\bar{z}$
④ $|\bar{z}| = |z|$
⑤ $\overline{|z|} = |z|$
⑥ $z\bar{z} \geqq 0$

（解答在 p. 287）

●問題 3-3（極式）

請在複數平面上畫出複數㊒〜㊦的點：

㊒絕對值為 1、幅角為 180°的複數
㊓絕對值為 2、幅角為 270°的複數
㊔絕對值為 $\sqrt{2}$、幅角為 45°的複數
㊕絕對值為 1、幅角為 30°的複數
㊖絕對值為 2、幅角為 30°的複數
㊗絕對值為 2、幅角為 − 30°的複數
㊘絕對值為 1、幅角為 120°的複數

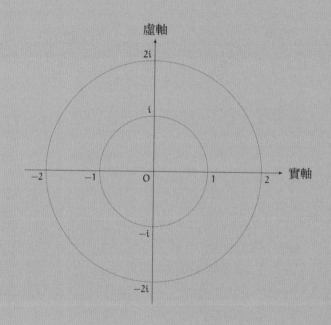

（解答在 p. 289）

●問題 3-4（二次方程式的根）

已知 a、b、c 為實數、$a \neq 0$ 且 $b^2 - 4ac < 0$，試證關於 x 的二次方程式

$$ax^2 + bx + c = 0$$

其兩根互為複共軛關係。證明過程可使用二次方程式的公式解。

（解答在 p. 291）

●問題 3-5（極式的表達）

請將 0 以外的複數表達成極式，亦即對於實數 a、b、θ 與正實數 r，下式成立時：

$$a + bi = r(\cos\theta + i\sin\theta)$$

分別使用 a 和 b 表達 r、$\cos\theta$ 與 $\sin\theta$。

（解答在 p. 293）

第 4 章

建立五角形

> 「就算瞭解，也未必能夠做得出來，
> 所以不妨實際動手嘗試看看吧。」

4.1 圖書室

我待在高中的圖書室裡看書。
突然抬起頭時，正好看到蒂蒂走進來。
她的手上拿著什麼白色的東西。

蒂蒂：「……」

我：「蒂蒂，那是村木老師的『卡片』嗎？」

蒂蒂：「啊，學長！對，這是我從村木老師那邊拿到的，但上頭什麼都沒有寫。」

蒂蒂將「卡片」遞給我。的確，上頭沒有任何敘述──只畫了這樣的形狀。

村木老師的「卡片」

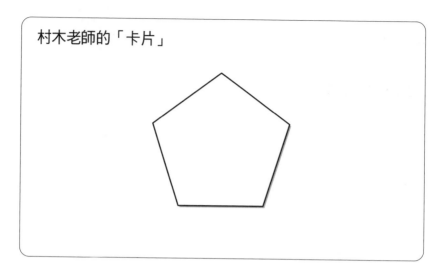

我：「是正五角形。」

蒂蒂：「是正五角形啊……」

　　翻到背面，也是一片空白。我將「卡片」還給她。

我：「什麼東西都沒有寫。」

蒂蒂：「什麼東西都沒有寫嘛……」

　　蒂蒂用雙手高舉著「卡片」，貌似想要透視裡頭的內容。

我：「今天是正五角形的天使啊？」

蒂蒂：「咦？」

我：「沒事，自言自語而已*。」

---

*參見《數學女孩秘密筆記：積分篇》。

蒂蒂：「好像也沒有隱藏什麼數學的問題。」

我：「村木老師給我們的『卡片』，也有不是問題的情況嘛。
這可能是猜謎，要我們思考正五角形有什麼有趣的性
質。」

蒂蒂：「這張五角形的『卡片』，是我在跟老師聊複數平面時
拿到的……」

4.2 在複數平面上畫正五角形

我：「原來如此。那麼，試著在複數平面上畫正五角形吧。」

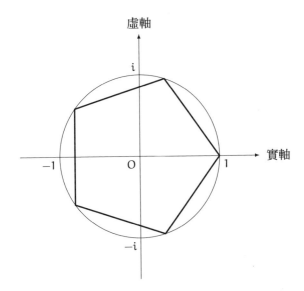

複數平面上的正五角形

蒂蒂：「稍微傾斜了……」

　　蒂蒂跟著正五角形歪著頭。

我：「在複數平面上畫一個單位圓，再畫出內接該圓的正五角形，並旋轉到其中一個頂點對齊 1。」

蒂蒂：「真的耶。」

我：「由於內接於圓，所以正五角形的五個頂點會全部都落在單位圓周上。一個幅角 θ 決定一個頂點，座標(cos θ, sin θ) 寫成複數就會是 cos θ + i sin θ。」

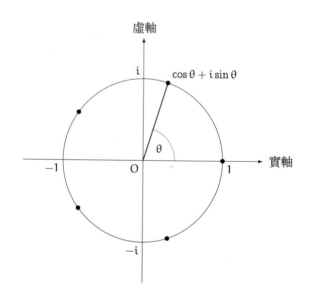

蒂蒂：「好的，360°除以 5，也就是 θ = 72°。」

$$\theta = \frac{360°}{5} = 72°$$

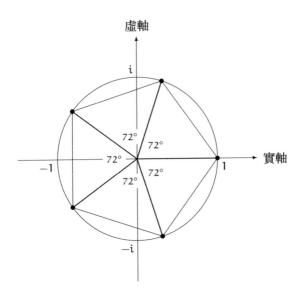

我：「嗯，那麼，**弧度**如何呢？」

蒂蒂：「因為 360° 是 2π 弧度，所以 2π 除以 5，就會是 $2\pi/5$ 弧度。」

$$\theta = \frac{2\pi}{5}$$

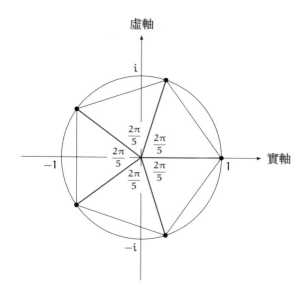

我：「對，接著來命名五個頂點，由 1 開始逆時針旋轉依序取名為 α_0、α_1、α_2、α_3、α_4，然後將幅角分別假設為 θ_0、θ_1、θ_2、θ_3、θ_4。」

蒂蒂：「命名……」

我：「α_0 的幅角為 0，每移動到下個頂點會增加 $2\pi/5$，可以像這樣來表達。」

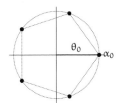

$$\theta_0 = 2\pi \cdot \frac{0}{5}, \quad \alpha_0 = \cos\theta_0 + i\sin\theta_0$$

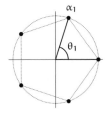

$$\theta_1 = 2\pi \cdot \frac{1}{5}, \quad \alpha_1 = \cos\theta_1 + i\sin\theta_1$$

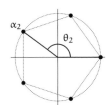

$$\theta_2 = 2\pi \cdot \frac{2}{5}, \quad \alpha_2 = \cos\theta_2 + i\sin\theta_2$$

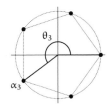

$$\theta_3 = 2\pi \cdot \frac{3}{5}, \quad \alpha_3 = \cos\theta_3 + i\sin\theta_3$$

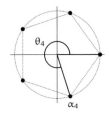

$$\theta_4 = 2\pi \cdot \frac{4}{5}, \quad \alpha_4 = \cos\theta_4 + i\sin\theta_4$$

蒂蒂：「原來如此，下標從 0 開始就能夠一一對應嘛。」

我：「沒錯，頂點 α_k 的幅角可統整寫成

$$\theta_k = 2\pi \cdot \frac{k}{5} \qquad (k = 0, 1, 2, 3, 4)$$

θ_k 的下標 k 剛好也出現在右邊的分子。正五角形有五個頂點，但可用一條式子統整表達五個幅角。」

蒂蒂：「這樣的話，正五角形的頂點複數，也可統整寫成

$$\cos\theta_k + i\sin\theta_k \qquad (k = 0, 1, 2, 3, 4)$$

這樣。」

我：「對，這樣就能夠在複數平面上畫出正五角形了。」

蒂蒂：「學長，請等一下……我有個在意的地方。」

我：「在意的地方？」

4.3　蒂蒂的疑問

蒂蒂：「那個，$\cos\theta_k + i\sin\theta_k$ 殘留了 cos 和 sin，這不能更進一步簡化嗎？」

我：「這已經十分簡化了……」

蒂蒂：「對我來說，還是有點太複雜……」

我：「而且，三角函數的表達具有通用性，可以套用到其他正

n 角形的頂點。」

蒂蒂：「正方形的單邊長為 1 時，對角線長度為 $\sqrt{2}$。正三角形沒有對角線，但單邊長為 1 時，高會是 $\sqrt{3}/2$。如果正五角形也能夠不使用三角函數，只用 $\sqrt{2}$、$\sqrt{3}$ 來表達就好了……」

我：「這樣啊，妳想用 $\sqrt{2}$、$\sqrt{3}$ 等數字來表達正五角形的頂點？」

蒂蒂：「嗯，是的！」

我：「這樣的話，蒂蒂妳是想要求解關於 z 的五次方程式：

$$z^5 = 1$$

想將解表達成平方根──的意思啊。」

蒂蒂：「求、求解五次方程式？」

我：「嗯，沒錯。妳想要求的複數是正五角形的頂點，例如，α_1 五次方為 1 的其中一個複數。」

蒂蒂：「會是這樣嗎……？」

我：「是的。這相當於討論棣美弗定理（de Moivre's Theorem）[*]的五次方情況。」

$$(\cos\theta_k + i\sin\theta_k)^5 = \cos 5\theta_k + i\sin 5\theta_k$$
$$= \cos 2k\pi + i\sin 2k\pi$$
$$= 1 + i \times 0$$
$$= 1$$

蒂蒂：「那、那個……」

我：「$\alpha_1^5 = 1$ 也可用簡單的計算來確認喔。首先，α_1 的絕對值為 1、幅角為 $2\pi/5$ 嘛。」

蒂蒂：「嗯，$|\alpha_1| = 1$ 且 $\arg(\alpha_1) = 2\pi/5$。」

我：「接著，討論 α_1^5 的絕對值。『乘積的絕對值是絕對值相乘』，所以 α_1^5 的絕對值是 α_1 絕對值的五次方。」

$$|\alpha_1^5| = \underbrace{|\alpha_1 \times \alpha_1 \times \alpha_1 \times \alpha_1 \times \alpha_1|}_{5\text{ 個}}$$
$$= \underbrace{|\alpha_1| \times |\alpha_1| \times |\alpha_1| \times |\alpha_1| \times |\alpha_1|}_{5\text{ 個}}$$
$$= |\alpha_1|^5$$
$$= 1^5$$
$$= 1$$

蒂蒂：「『乘積的絕對值是絕對值相乘』原來是這樣運用的啊。」

我：「然後，討論 α_1^5 的幅角。『乘積的幅角是幅角相加』，所以 α_1^5 的幅角是 α_1 幅角的五倍。」

$$\arg\left(\alpha_1^5\right) = \arg\left(\underbrace{\alpha_1 \times \alpha_1 \times \alpha_1 \times \alpha_1 \times \alpha_1}_{5\text{ 個}}\right)$$

$$= \underbrace{\arg\left(\alpha_1\right) + \arg\left(\alpha_1\right) + \arg\left(\alpha_1\right) + \arg\left(\alpha_1\right) + \arg\left(\alpha_1\right)}_{5\text{ 個}}$$

$$= 5 \times \arg\left(\alpha_1\right)$$

$$= 5 \times \frac{2\pi}{5}$$

$$= 2\pi$$

蒂蒂：「因為是五個幅角相加，所以是五倍的幅角……原來如此。」

我：「換言之，複數 α_1^5 的絕對值為 1、幅角為 2π。幅角為 2π 就表示旋轉一圈，相當於幅角為 0，所以可以說

$$\alpha_1^5 = 1$$

同理，α_0、α_1、α_2、α_3、α_4 的五次方都為 1，也就是 $z^5 = 1$ 的根。這表示五角形的頂點是 1 的五次方根，所以相當於是求解五次方程式 $z^5 = 1$。」

蒂蒂：「為了五次方為 1 的複數，需要求解 $z^5 = 1$？」

我：「沒錯，所以妳剛才提出的問題會是——求解五次方程式

$$z^5 = 1$$

且不以三角函數而是用 $\sqrt{}$ 表達其根。」

4.4　求解五次方程式

蒂蒂提出的問題（以 $\sqrt{\ }$ 表達 1 的五次方根）
關於 z 的五次方程式

$$z^5 = 1$$

其五個解可寫成

$$\alpha_k = \cos\theta_k + i\sin\theta_k$$

（ $k = 0, 1, 2, 3, 4$ 且 $\theta_k = 2\pi \cdot \dfrac{k}{5}$ ）。
請不要以三角函數而是用 $\sqrt{\ }$ 表達其根。

蒂蒂：「會變成這樣的問題啊……啊！但 α_0 馬上就能夠表達出來，因為 $\alpha_0 = 1$ 嘛。」

我：「沒錯，$z^5 = 1$ 為五次方程式，全部共會有五個根，而其中一個根會是 $z = \alpha_0$，也就是 $z = 1$，所以剩下的四個根可由下式求得：

$$z^4 + z^3 + z^2 + z + 1 = 0$$

」

蒂蒂：「啥？！這、這條方程式從哪裡來的？」

我：「方程式 $z^5 = 1$ 可移項成 $z^5 - 1 = 0$ 嘛，然後已知 $z = 1$ 為其中一個根，所以 $z^5 - 1$ 的多項式具有 $z - 1$ 的因式，能

夠進行因式分解。」

$$z^5 = 1 \qquad \text{欲求五次方等於 1 的數}$$
$$z^5 - 1 = 0 \qquad \text{將 1 移項至左邊}$$
$$(z-1)(z^4 + z^3 + z^2 + z + 1) = 0 \qquad \text{因式分解左邊}$$

蒂蒂：「展開確認看看！……

$$
\begin{aligned}
(z-1)(z^4 + z^3 + z^2 + z + 1) &= z(z^4 + z^3 + z^2 + z + 1) \\
&\quad - (z^4 + z^3 + z^2 + z + 1) \\
&= z^5 + z^4 + z^3 + z^2 + z \\
&\quad - z^4 - z^3 - z^2 - z - 1 \\
&= z^5 + \cancel{z^4} + \cancel{z^3} + \cancel{z^2} + \cancel{z} \\
&\quad - \cancel{z^4} - \cancel{z^3} - \cancel{z^2} - \cancel{z} - 1 \\
&= z^5 - 1
\end{aligned}
$$

……啊啊，對消後剩下最初的 z^5 和最後的 -1！」

我：「沒錯，所以只要求解四次方程式 $z^4 + z^3 + z^2 + z + 1 = 0$ 就行了。」

蒂蒂：「但是，我……沒有背四次方程式的公式解。」

4.5　求解四次方程式

我：「我也沒有背四次方程式的公式解。雖然我知道有公式解，但太過複雜沒有記起來。三次以上的高次方程式需要設法因式分解，剛才因為已知 $z = 1$ 的根，才能夠以 $z - 1$ 做因式分解。」

蒂蒂：「好的……」

我：「所以，我們要設法因式分解 $z^4 + z^3 + z^2 + z + 1 = 0$ 的左邊。那麼──」

蒂蒂：「這個四次方程式的根是 α_1、α_2、α_3、α_4，正五角形除了 1 以外的四個頂點嘛。」

我：「對的。」

蒂蒂：「那個……我注意到一件事情，可以說出來嗎？」

我：「當然！」

4.6　蒂蒂注意到的事情

蒂蒂：「在複數平面上傾斜地畫正五角形，就可以將它看成『水面上的星辰倒影』，共有兩組『星辰與倒影』嘛？」

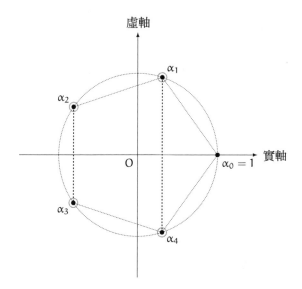

我：「妳要用複數平面討論啊！$z^4 + z^3 + z^2 + z + 1 = 0$ 的四個根，會形成兩組複共軛關係的複數！」

蒂蒂：「可是，如果問 So what？我也答不上來……」

我：「啊，是沒錯……不過，至少我們可以知道存在這樣的關係：

$$\overline{\alpha_1} = \alpha_4, \quad \overline{\alpha_2} = \alpha_3$$

α_1 的共軛複數是 α_4，α_2 的共軛複數是 α_3。嗯，除了 z 之外，搭配 $\bar{z}$ 來討論或許也不錯。那麼，四次方程式 $z^4 + z^3 + z^2 + z + 1 = 0$ 會如何呢——？」

蒂蒂：「次方數減少……啊！」

蒂蒂突然開始翻閱自己的筆記本。

蒂蒂：「學長、學長！兩邊都乘上 $\bar{z}$ 會如何呢？絕對值為 1 的時候，共軛複數會是倒數嘛？」

我：「的確！因為 $z\bar{z} = 1$，試著將兩邊乘上 $\bar{z}$ 吧！」

$$z^4 + z^3 + z^2 + z + 1 = 0$$

$$(z^4 + z^3 + z^2 + z + 1)\bar{z} = 0 \qquad \text{兩邊乘上 } \bar{z}$$

$$z^4\bar{z} + z^3\bar{z} + z^2\bar{z} + z\bar{z} + \bar{z} = 0 \qquad \text{展開}$$

$$z^3(z\bar{z}) + z^2(z\bar{z}) + z(z\bar{z}) + z\bar{z} + \bar{z} = 0 \qquad \text{提出 } z\bar{z}$$

$$z^3 + z^2 + z + 1 + \bar{z} = 0 \qquad \text{因為 } z\bar{z} = 1$$

蒂蒂：「看吧！變成三次方程式了！」

4.7　求解三次方程式

我：「不，雖然次方數減少了，但還殘留 $\bar{z}$，並沒有變成三次方程式。」

$$z^3 + z^2 + z + 1 + \bar{z} = 0$$

蒂蒂：「啊……可是，求解這個方程式，就能求得 α_1、α_2、α_3、α_4 吧？」

我：「我想到了……再乘上一次 $\bar{z}$ 看看！」

$$z^3 + z^2 + z + 1 + \bar{z} = 0 \qquad \text{由上式得到}$$

$$z^3\bar{z} + z^2\bar{z} + z\bar{z} + \bar{z} + \bar{z}\bar{z} = 0 \qquad \text{兩邊乘上 } \bar{z}$$

$$z^2 + z + 1 + \bar{z} + \bar{z}^2 = 0 \qquad \text{套用 } z\bar{z} = 1$$

蒂蒂：「這樣子……就能夠求解嗎？」

我：「嗯，是我漏掉了，這個式子的左邊會變成 z 和 $\bar{z}$ 的對稱式！」

$$z^2 + z + 1 + \bar{z} + \bar{z}^2 = 0$$

蒂蒂：「的確感覺有左右對稱……」

我：「z 和 $\bar{z}$ 的對稱式是指，即便 z 和 $\bar{z}$ 調換後也不會改變的式子。在左邊的式子中，

$$z^2 + z + 1 + \bar{z} + \bar{z}^2$$

交換 z 和 $\bar{z}$ 會變成

$$\bar{z}^2 + \bar{z} + 1 + z + z^2$$

數值並未改變。換言之，

$$z^2 + z + 1 + \bar{z} + \bar{z}^2 = \bar{z}^2 + \bar{z} + 1 + z + z^2$$

這個等式是關於 z 的恆等式。」

蒂蒂：「嗯……」

我：「對稱式很重要，具有『對稱式可用基本的對稱式表達』

的性質。這邊的基本對稱式是指 $z + \bar{z}$ 和 $z\bar{z}$。換言之，$z^2 + z + 1 + \bar{z} + \bar{z}^2$ 可表示成 z 和 $\bar{z}$ 的相加相乘。而且，因為相乘為 1，所以可以只用相加 $z + \bar{z}$ 表達——」

蒂蒂：「那、那個……有點講太快了。」

我：「唔，抱歉，實際寫出來可能比較好理解。」

$$z^2 + z + 1 + \bar{z} + \bar{z}^2 = 0 \qquad \text{由上式得到}$$
$$z^2 + \bar{z}^2 + z + \bar{z} + 1 = 0 \qquad \text{將項的順序交換}$$
$$(z^2 + \bar{z}^2) + (z + \bar{z}) + 1 = 0 \qquad \text{統合整理（♡）}$$

蒂蒂：「嗯……？」

我：「這邊的 $z^2 + \bar{z}^2$ 可以使用 $z + \bar{z}$ 來表達，只要將 $z + \bar{z}$ 平方後展開，就能夠看得出來，嘗試看看吧……

$$\begin{aligned}(z + \bar{z})^2 &= z^2 + 2z\bar{z} + \bar{z}^2 \qquad \text{展開} \\ &= z^2 + 2 + \bar{z}^2 \qquad \text{因為 } z\bar{z} \\ &= z^2 + \bar{z}^2 + 2 \qquad \text{將項的順序交換}\end{aligned}$$

所以，下式成立：

$$(z + \bar{z})^2 = z^2 + \bar{z}^2 + 2$$

換言之，

$$z^2 + \bar{z}^2 = (z + \bar{z})^2 - 2 \qquad (\clubsuit)$$

這樣就能以 $z + \bar{z}$ 表達♡！」

$$(\underline{z^2 + \bar{z}^2}) + (\underline{z + \bar{z}}) + 1 = 0 \qquad \text{由} \heartsuit \text{得到}$$

$$(\underline{z + \bar{z}})^2 - 2 + (\underline{z + \bar{z}}) + 1 = 0 \qquad \text{代入} \clubsuit$$

$$(\underline{z + \bar{z}})^2 + (\underline{z + \bar{z}}) - 1 = 0 \qquad \text{計算} -2 + 1 = -1$$

蒂蒂：「這該不會——是二次方程式？」

我：「沒錯，假設 $y = z + \bar{z}$ 後，就會變成 y 的二次方程式！」

$$(\underline{z + \bar{z}})^2 + (\underline{z + \bar{z}}) - 1 = 0 \qquad \text{由上式得到}$$

$$y^2 + y - 1 = 0 \qquad \text{假設 } y = z + \bar{z}$$

蒂蒂：「如果是二次方程式，我就會求解了，套用公式解來求吧！」

4.8 求解二次方程式

我：「$y^2 + y - 1 = 0$ 可用二次方程式的公式解快速求解。」

蒂蒂：「嗯，求解後……得到

$$y = \frac{-1 \pm \sqrt{5}}{2}$$

換言之，兩個根分別為

$$\frac{-1 + \sqrt{5}}{2} \quad \text{和} \quad \frac{-1 - \sqrt{5}}{2}$$

學長，出現 $\sqrt{5}$ 了！……咦，奇怪？這樣就只有兩個解而

已。但正五角形的頂點，除了 1 以外的複數應該要有四個才對。」

我：「這邊求出來的是 y 值，也就是 $z + \bar{z}$ 的數值。正五角形的頂點是 z，所以還得繼續做下去才行。」

蒂蒂：「可是，兩個 y 值都是實數⋯⋯我在哪邊漏掉了 i 嗎？」

我：「不是，$z + \bar{z}$ 是複數和共軛複數的相加，z 和 $\bar{z}$ 的虛部對消會變成 0，結果當然會是實數。不用擔心，妳並沒有把 i 漏掉。」

蒂蒂：「太好了⋯⋯嗯⋯⋯因為已經知道 y 值，所以

$$z + \bar{z} = \frac{-1 \pm \sqrt{5}}{2}$$

可以這樣說沒錯吧？」

我：「⋯⋯」

蒂蒂：「不、不對嗎？」

4.9　兩個值所表示的意義

我：「⋯⋯不，沒問題，妳的理解是正確的喔。我只在想這兩個值

$$\frac{-1 + \sqrt{5}}{2} \quad 和 \quad \frac{-1 - \sqrt{5}}{2}$$

跟正五角形的頂點具有什麼樣的關係。」

蒂蒂：「哈啊……」

我思考著，腦筋開始轉動。
在複數平面上比較複數──

我：「嗯，我知道了。這兩個等式會成立。」

$$\alpha_1 + \alpha_4 = \frac{-1 + \sqrt{5}}{2} \quad 和 \quad \alpha_2 + \alpha_3 = \frac{-1 - \sqrt{5}}{2}$$

蒂蒂：「……」

我：「啊啊，感覺暢快多了，知道後就覺得理所當然了。為了降低四次方程式的次方數，我們假設 $z + \bar{z}$ 為 y，轉成 y 的二次方程式，換言之，就是假設共軛複數的相加為 y。」

蒂蒂：「水面上的星辰倒影……」

我：「是的，在正五角形中，『星辰與倒影』的組合跟 y 值一樣有兩個。剛才求出的兩個 y 值是對應兩組『星辰』和『倒影』的組合，也就是 $\alpha_1 + \alpha_4$ 和 $\alpha_2 + \alpha_3$！」

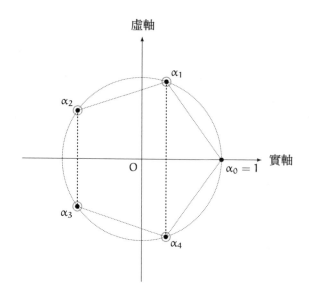

複共軛關係的兩組複數

蒂蒂:「請、請等一下,我搞不懂現在是在做什麼了。讓我稍微回頭整理一下!」

- 我們想要在複數平面上畫出正五角形
- 畫出內接單位圓的正五角形,並使其中一個頂點對齊 1
- 使用三角函數,就能夠表達所有頂點的複數
- 但是,我想要刻意使用 $\sqrt{}$ 來表達
- 正五角形的頂點變成求五次方程式 $z^5 = 1$ 的根
- 嗯……然後……

我:「接著,以 $z - 1$ 因式分解。」

蒂蒂:「對哦,我想起來了。」

- $z^5 = 1$ 可寫成 $z^5 - 1 = 0$
- 因為頂點之一為 1，所以 $z = 1$ 是其中一個根
- 因此，能夠使用 $z - 1$ 因式分解 $z^5 - 1$
- 結果變成 $(z - 1)(z^4 + z^3 + z^2 + z + 1)$
- 其中一個頂點為 1，剩餘的頂點有四個
- 這四個頂點是四次方程式 $z^4 + z^3 + z^2 + z + 1$ 的根
- 嗯……我想想……

我：「使用 z 和共軛複數 $\bar{z}$ 的乘積 $z\bar{z} = 1$，變形四次方程式。」

蒂蒂：「嗯，變形四次方程式 $z^4 + z^3 + z^2 + z + 1$。」

- 變形成 $(z + \bar{z})^2 + (z + \bar{z}) - 1 = 0$
- 接著，假設 $y = z + \bar{z}$
- 這樣就轉成了二次方程式 $y^2 + y - 1 = 0$
- 然後——

我：「沒錯。」

蒂蒂：「然後，求解二次方程式 $y^2 + y - 1 = 0$，得到

$$\frac{-1 + \sqrt{5}}{2} \quad 和 \quad \frac{-1 - \sqrt{5}}{2}$$

因此，

$$\alpha_1 + \alpha_4 = \frac{-1 + \sqrt{5}}{2} \quad 和 \quad \alpha_2 + \alpha_3 = \frac{-1 - \sqrt{5}}{2}$$

哎……但是，這樣會存在兩種可能性才對，怎麼知道 $\alpha_1 + \alpha_4$ 和 $\alpha_2 + \alpha_3$ 對應哪個根呢？不會反過來嗎？」

我：「不，不會反過來喔。兩個根中，已知其中一個根為

$$\frac{-1-\sqrt{5}}{2} < 0$$

因為分子為負數。」

蒂蒂：「啊，對哦。$-1-\sqrt{5} < 0$ 嘛。」

我：「然後，另外一個根為正數。換言之，

$$\frac{-1+\sqrt{5}}{2} > 0$$

這樣能夠瞭解吧？」

蒂蒂：「可以，$\sqrt{5}$ 是『兩鵝生六蛋（送）六妻舅』2.2360679
⋯⋯因為數值大於 1，所以可知 $(-1+\sqrt{5})/2 > 0$。」

我：「所以，y 的兩個值有正負之分。然後，$\alpha_1 + \alpha_4$ 為正、
$\alpha_2 + \alpha_3$ 為負，怎麼對應就非常明顯了。」

蒂蒂：「怎麼知道 $\alpha_1 + \alpha_4$ 為正？啊！我看出來了。因為 α_1 和 α_4
都落在虛軸的右側，所以實部為正、$\alpha_1 + \alpha_4$ 也為正。」

我：「是的。」

蒂蒂：「然後，α_2 和 α_3 都落在虛軸的左側，所以實部為負、
$\alpha_2 + \alpha_3$ 也為負——的確，這樣就能夠確定了！」

$$\alpha_1 + \alpha_4 = \frac{-1+\sqrt{5}}{2} \quad 和 \quad \alpha_2 + \alpha_3 = \frac{-1-\sqrt{5}}{2}$$

我：「剛才的 $\alpha_1 + \alpha_4$ 和 $\alpha_2 + \alpha_3$，也可以用**向量**的相加討論喔。」

蒂蒂：「明明是複數，卻使用向量嗎？」

我：「是的，可以像這樣畫出平行四邊形。」

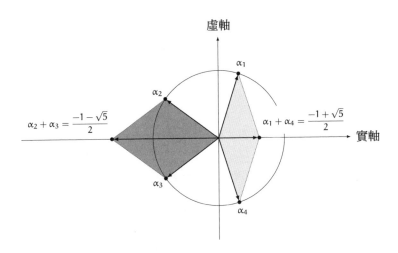

以向量的相加來討論 $\alpha_1 + \alpha_4$ 和 $\alpha_2 + \alpha_3$

蒂蒂：「真有趣！原本在討論圖形，卻冒出了方程式；討論方程式後，卻又出現複數；討論複數後，卻變成以平方根的計算判斷數的大小；討論數的大小後，又出現了向量，轉換成平行四邊形的圖形⋯⋯」

我：「咦，這不是很常見嗎？畢竟在討論數學的時候，數的計算、式子變形、圖形作成⋯⋯會從各種角度切入。」

蒂蒂：「說的也是，使用任何武器都可以嘛！」

我：「沒錯！愈是充分使用各種概念，世界相對就會愈『有所關聯』。」

蒂蒂：「看似零散的世界連結起來後，整體就會變得更加寬廣！」

蒂蒂邊說邊張大手臂。

我：「那麼，這邊已經知道

$$\alpha_1 + \alpha_4 = \frac{-1 + \sqrt{5}}{2}$$

因為 $\overline{\alpha_1} = \alpha_4$，所以 $\alpha_1 + \alpha_4$ 可寫成

$$\alpha_1 + \overline{\alpha_1} = \frac{-1 + \sqrt{5}}{2}$$

妳知道怎麼求 α_1 嗎？」

蒂蒂：「這個我知道！我跟 α_1 已經完全變成『朋友』了。因為 $|\alpha_1| = 1$，所以

$$\alpha_1 \overline{\alpha_1} = 1$$

換言之，$\overline{\alpha_1}$ 是 α_1 的倒數：

$$\overline{\alpha_1} = \frac{1}{\alpha_1}$$

代入剛才的式子，可改寫成

$$\alpha_1 + \overline{\alpha_1} = \frac{-1 + \sqrt{5}}{2}$$

$$\alpha_1 + \frac{1}{\alpha_1} = \frac{-1 + \sqrt{5}}{2}$$

兩邊乘上 α_1 後，就能做出充滿 α_1 的數學式：

$$\alpha_1^2 + 1 = \frac{-1 + \sqrt{5}}{2} \cdot \alpha_1$$

移項整理變成

$$\alpha_1^2 - \frac{-1 + \sqrt{5}}{2} \cdot \alpha_1 + 1 = 0$$

因為 α_1 是滿足這個式子的複數，所以可當作關於 x 的二次方程式

$$x^2 - \frac{-1 + \sqrt{5}}{2} \cdot x + 1 = 0$$

套用二次方程式的公式解來求解。我現在就來做！」

我：「啊啊，蒂蒂，不要直接埋頭計算。使用 A 等文字，假設

$$A = \frac{-1 + \sqrt{5}}{2}$$

式子就會變得簡潔清楚。」

$$x^2 - Ax + 1 = 0 \qquad \left(A = \frac{-1 + \sqrt{5}}{2} \right)$$

蒂蒂：「原來如此！我不擅長像這樣『導入文字』，經常維持著複雜的形式，只是一股腦地向前衝……」

我：「剩下只要求解這個式子就能夠得到 α_1。」

蒂蒂：「好的，套用二次方程式的公式解，得到

$$x = \frac{A \pm \sqrt{A^2 - 4}}{2}$$

……哎？又出現正負號？」

我：「是的，其中一個是 α_1，另外一個則會是 $\alpha_4 = \overline{\alpha_1}$。」

蒂蒂：「原來如此……接著代入 $A = (-1 + \sqrt{5})/2$，就能夠求得 α_1 和 α_4 的值。我現在馬上計算！」

我：「啊啊，等等蒂蒂，不要直接埋頭計算，先處理 $\sqrt{\ }$ 中的 $A^2 - 4$ 吧。」

蒂蒂：「說的也是……」

$$
\begin{aligned}
\text{「}\sqrt{\ }\text{的內部」} &= A^2 - 4 \\
&= \left(\frac{-1 + \sqrt{5}}{2}\right)^2 - 4 \\
&= \frac{1}{4} \cdot \left((-1 + \sqrt{5})^2 - 16\right) \\
&= \frac{1}{4} \cdot \left(1 - 2\sqrt{5} + 5 - 16\right) \\
&= \frac{1}{4} \cdot \left(-10 - 2\sqrt{5}\right) \\
&= -\frac{1}{2} \cdot \left(5 + \sqrt{5}\right) \\
&= -\frac{5 + \sqrt{5}}{2}
\end{aligned}
$$

我：「這個就是 $A^2 - 4$，因為放到平方根當中為負數，所以使

用複數單位 i。」

$$\sqrt{A^2 - 4} = \sqrt{-\frac{5 + \sqrt{5}}{2}}$$

$$= i\sqrt{\frac{5 + \sqrt{5}}{2}}$$

蒂蒂：「好的，接下來就能夠一口氣寫出方程式的根！」

$$\frac{A \pm \sqrt{A^2 - 4}}{2} = \frac{1}{2} \cdot \left(A \pm \sqrt{A^2 - 4} \right)$$

$$= \frac{1}{2} \cdot \left(A \pm i\sqrt{\frac{5 + \sqrt{5}}{2}} \right)$$

$$= \frac{1}{2} \cdot \left(\frac{-1 + \sqrt{5}}{2} \pm i\frac{\sqrt{5 + \sqrt{5}}}{\sqrt{2}} \right)$$

$$= \frac{1}{2} \cdot \left(\frac{-1 + \sqrt{5}}{2} \pm i\frac{\sqrt{10 + 2\sqrt{5}}}{2} \right)$$

$$= \frac{-1 + \sqrt{5} \pm i\sqrt{10 + 2\sqrt{5}}}{4}$$

我：「這樣寫會比較方便喔。」

$$\frac{A \pm \sqrt{A^2 - 4}}{2} = \frac{-1 + \sqrt{5}}{4} \pm i\frac{\sqrt{10 + 2\sqrt{5}}}{4}$$

蒂蒂：「這是將實部和虛部區分開來嘛。」

我：「沒錯。

$$\frac{A \pm \sqrt{A^2 - 4}}{2} = \underbrace{\frac{-1 + \sqrt{5}}{4}}_{\text{實部}} \pm i \underbrace{\frac{\sqrt{10 + 2\sqrt{5}}}{4}}_{\text{虛部}}$$

這樣就能夠得到兩個複數，妳知道哪個是 α_1，哪個是 α_4 嗎？」

蒂蒂：「我知道！虛部為正的是在天空閃耀的 α_1；虛部為負的是倒映在水面上的 α_4。」

我：「這樣我們就求得了 α_1 和 α_4！如同蒂蒂的要求，不使用三角函數來表達頂點。」

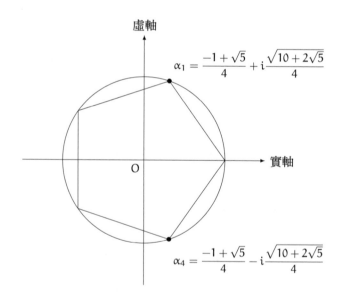

正五角形的頂點 α_1、α_4

蒂蒂：「雖然挺複雜的，但我好感動！」

我：「嗯，這樣一來，五個頂點當中，

$$\alpha_0, \alpha_1, \alpha_4$$

就能知道這三個頂點了。」

蒂蒂：「剩下的兩個頂點是

$$\alpha_2, \alpha_3$$

感覺好像能夠計算⋯⋯嗯⋯⋯」

4.10 剩餘的兩個頂點

蒂蒂全力回顧前面的筆記內容。

蒂蒂：「我知道了。$z + \bar{z}$ 的值有兩種，前面是將其中一個假設為 A（p. 171）：

$$x^2 - Ax + 1 = 0 \qquad \left(A = \frac{-1 + \sqrt{5}}{2} \right)$$

這樣的話，就可以將 $z + \bar{z}$ 的另一個值假設為 B。」

$$x^2 - Bx + 1 = 0 \qquad \left(B = \frac{-1 - \sqrt{5}}{2} \right)$$

我：「對，求解後──」

蒂蒂：「學長！讓我來做！只要注意正負號，就跟剛剛的做法一樣嘛。」

我：「是的，只要維持剛才 ± 的形式就可以了。」

蒂蒂：「沒問題。首先，求解方程式。」

$$x = \frac{B \pm \sqrt{B^2 - 4}}{2}$$

蒂蒂：「先計算平方根中的 $B^2 - 4$……」

$$
\begin{aligned}
B^2 - 4 &= \left(\frac{-1 - \sqrt{5}}{2}\right)^2 - 4 \\
&= \frac{1}{4} \cdot \left((-1 - \sqrt{5})^2 - 16\right) \\
&= \frac{1}{4} \cdot \left(1 + 2\sqrt{5} + 5 - 16\right) \\
&= \frac{1}{4} \cdot \left(-10 + 2\sqrt{5}\right) \\
&= -\frac{1}{2} \cdot \left(5 - \sqrt{5}\right) \\
&= -\frac{5 - \sqrt{5}}{2}
\end{aligned}
$$

我：「原來如此，差別真的只有正負號。這樣比較後馬上就能夠看出來。」

$$\sqrt{A^2 - 4} = i\sqrt{\frac{5 + \sqrt{5}}{2}}$$

$$\sqrt{B^2 - 4} = i\sqrt{\frac{5 - \sqrt{5}}{2}}$$

蒂蒂：「真的，這樣就可以得到 α_2 和 α_3。」

$$\frac{B \pm \sqrt{B^2 - 4}}{2} = \frac{-1 - \sqrt{5}}{4} \pm i\frac{\sqrt{10 - 2\sqrt{5}}}{4}$$

這樣一來就解開我提出的問題[*]了！」

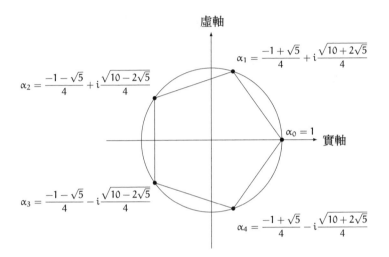

正五角形的頂點 α_0、α_1、α_2、α_3、α_4

計算結束後，蒂蒂盯著筆記本看了好一陣子。

我：「……」

蒂蒂：「……呼，學長，這個很有趣耶。自己動手計算後，會讓人想要一直看下去，一邊比較逐漸改變的正負數……」

我：「是的……畢竟是好不容易算出來的東西！」

蒂蒂：「對啊，學長，聽我說。雖然平方根和正負號很混亂！

---

[*] 參見 p. 156。

……內心好像會有點『慌慌張張』，但不需要擔心。」

蒂蒂邊說邊將手掌朝向我，做出「不用擔心」的手勢。

蒂蒂：「仔細觀察後，就會發現正負號具有規則性。

- 左右的『星辰與倒影』選擇哪一邊？
- 上下的『星辰』與『倒影』選擇哪一個？

這剛好跟正負號相對應！」

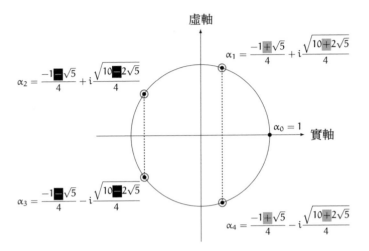

左邊的「星辰與倒影」為 ▬；右邊的「星辰與倒影」為 ＋

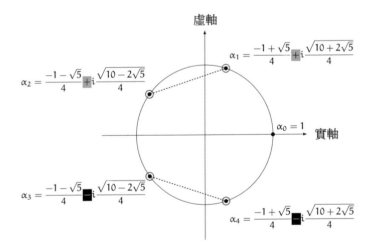

上面的「星辰」為 ＋；下面的「倒影」為 ▬

我：「原來如此……正負號零亂出現在根當中，但肯定會以
　　『某數的平方』的形式，隱藏在數學式中的某處……」

蒂蒂：「我好像跟正五角形稍微成為『朋友』了！」

　　　　　　　　　　　　　　　「就算看見，也未必能夠做得出來，
　　　　　　　　　　　　　　　　所以不妨實際動手嘗試看看吧。」

附錄：尺規作圖正五角形

首先，試著畫出正六角形

正六角形可用尺規描繪出來。

使用圓規畫出圓後，維持圓規張開的寬度，將尖針移至圓周上。如下圖一般劃分圓周，在圓周上標出六個點。最後，再用直尺將標出的六個點連線，就能夠畫出正六角形。

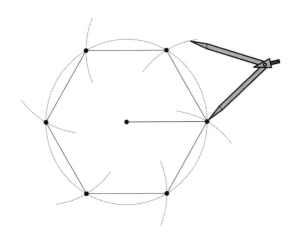

畫出正六角形

剛才的描述是使用「能夠畫出」，但後面會改成「可作圖」，並說明其所表達的意義。

作圖問題的條件

　　為了明確「可作圖」的意義，使用尺規時需要遵守下述條件：

直線的作圖　使用直尺可作圖通過兩點的直線，也可作圖連結兩點的線段。直尺上沒有標示刻度，無法量測兩點間的長度。

圓的作圖　使用圓規能夠以某點為中心，作圖具有特定半徑的圓。半徑是由已經作圖的兩點決定。

有限次重複　尺規可在有限次內反覆多次使用，但沒辦法無限次使用。

　　根據給定的點並遵守上述條件，使用尺規在平面上作圖的問題，稱為**作圖問題**。

作圖正六角形

那麼，試著重新作圖正六角形吧。

在平面上給定 O 和 A 兩相異點後，可作圖以點 O 為中心、線段 $\overline{OA}$ 為半徑的圓。另外，我們也可作圖內接該圓的正六角形，步驟如下：

①使用圓規以點 O 為中心，作圖線段 $\overline{OA}$ 為半徑的圓 O。
②使用圓規以點 A 為中心，作圖線段 $\overline{OA}$ 為半徑的圓 A。
　圓 A 與圓 O 相交兩點，假設其中一點為 B。
③使用圓規以點 B 為中心，作圖線段 $\overline{OA}$ 為半徑的圓 B。
　圓 B 與圓 O 相交兩點，假設點 A 以外的點為 C。
④使用圓規以點 C 為中心，作圖線段 $\overline{OA}$ 為半徑的圓 C。
　圓 C 與圓 O 相交兩點，假設點 B 以外的點為 D。
⑤使用圓規以點 D 為中心，作圖線段 $\overline{OA}$ 為半徑的圓 D。
　圓 D 與圓 O 相交兩點，假設點 C 以外的點為 E。
⑥使用圓規以點 E 為中心，作圖線段 $\overline{OA}$ 為半徑的圓 E。
　圓 E 與圓 O 相交兩點，假設點 D 以外的點為 F。
⑦使用直尺連線 A 和 B。
⑧使用直尺連線 B 和 C。
⑨使用直尺連線 C 和 D。
⑩使用直尺連線 D 和 E。
⑪使用直尺連線 E 和 F。
⑫使用直尺連線 F 和 A。

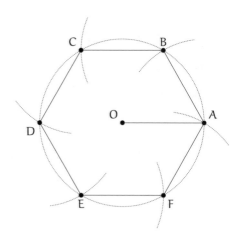

作圖正六角形

按照上述步驟,可作圖以點 O 為中心、線段 $\overline{OA}$ 為半徑的圓 O,與內接圓 O 的正六角形。內接給定圓的正六角形可作圖,是因為內接於圓的正六角形單邊長等於半徑。

由某數作圖某數

作圖問題中經常出現作圖特定長度的線段，所以會將

「根據長度為 a 的線段，作圖長度為 b 的線段」

簡短表達成

「由 a 作圖 b」

我們就來試著作圖 $a/2$、$a+b$、$a-b$、$\sqrt{a^2+b^2}$ 吧。

由 a 作圖 a/2

按照下述步驟，可由 a 作圖 a/2。

給定長度為 a 的線段 $\overline{AB}$ 時，以點 A 為中心作圖半徑為 a 的圓 A；以點 B 為中心作圖半徑為 a 的圓 B。然後，假設圓 A 和圓 B 的交點為 C、D，線段 $\overline{CD}$ 與線段 $\overline{AB}$ 的交點為 H，則線段 $\overline{AH}$ 的長度會是 a/2。另外，此時線段 $\overline{AB}$ 與線段 $\overline{CD}$ 垂直，通過 C、D 兩點的直線，稱為線段 $\overline{AB}$ 的**垂直平分線**，同時也證明了**直角**是可作圖的。

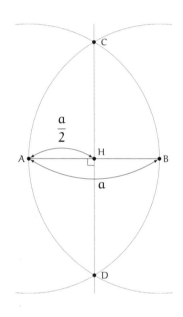

由 a 和 b 作圖 $a+b$ 與 $a-b$

　　由 a 和 b 可作圖 $a+b$ 與 $a-b$。

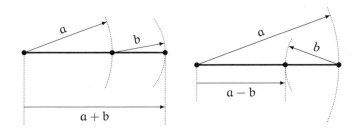

由 a 和 b 作圖 $\sqrt{a^2+b^2}$

　　由 a 和 b 可作圖 $\sqrt{a^2+b^2}$，這是根據三平方定理（畢氏定理）。

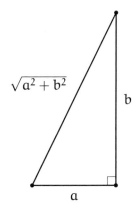

作圖正五角形的準備

　　若能夠有限次使用尺規，畫出具有正五角形單邊長的線段，就可作圖正五角形。

　　內接於複數平面上的單位圓、其中一個頂點落於 1 的正五角形頂點座標，如同第 4 章（p. 177）蒂蒂的計算，可用四則運算與 $\sqrt{\ }$ 來表達。

　　假設正五角形的單邊長為 L，我們先來求出 L 吧。

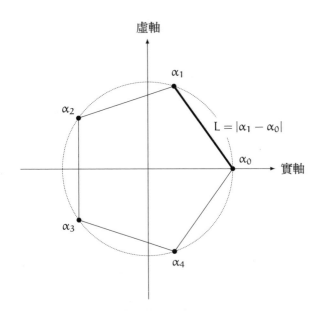

　　如同上圖關注於 α_0 和 α_1，

$$L = |\alpha_1 - \alpha_0|$$

雖然也可由此求得 L，但計算上稍嫌複雜。

因此，如同下圖，關注彼此為複共軛關係的 α_2 和 α_3 較好。

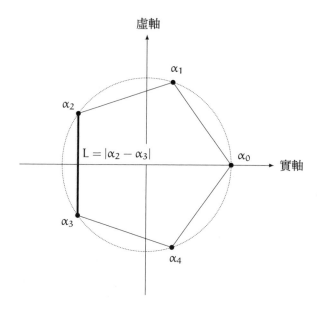

由於 α_2 和 α_3 是以實軸為對稱軸，落在線對稱的位置，所以

$$L = |\alpha_2 - \alpha_3|$$

數值會是 α_2 虛部的兩倍。由蒂蒂的計算結果（p. 177）：

$$\alpha_2 = \frac{-1-\sqrt{5}}{4} + i\underbrace{\frac{\sqrt{10-2\sqrt{5}}}{4}}_{\text{虛部}}$$

因此，得到

$$L = \frac{\sqrt{10-2\sqrt{5}}}{4} \times 2 = \frac{\sqrt{10-2\sqrt{5}}}{2}$$

其中，若下式的數 X、Y 是可作圖的

$$L = \frac{\sqrt{10 - 2\sqrt{5}}}{2} = \sqrt{X^2 + Y^2}$$

則 L 可作圖成兩邊為 X、Y 的直角三角形斜邊。我們來尋找 X、Y 吧。

　　為了找出平方後出現 $2\sqrt{5}$ 的式子，試著展開 $(\sqrt{5} - 1)^2$：

$$(\sqrt{5} - 1)^2 = 5 - 2\sqrt{5} + 1 = 6 - 2\sqrt{5}$$

利用這個等式，得到

$$10 - 2\sqrt{5} = 4 + (6 - 2\sqrt{5})$$

$$10 - 2\sqrt{5} = 2^2 + (\sqrt{5} - 1)^2$$

兩邊除以 2^2，

$$\frac{10 - 2\sqrt{5}}{2^2} = \left(\frac{2}{2}\right)^2 + \left(\frac{\sqrt{5} - 1}{2}\right)^2$$

換言之，

$$\frac{\sqrt{10 - 2\sqrt{5}}}{2} = \sqrt{1^2 + \left(\frac{\sqrt{5} - 1}{2}\right)^2}$$

因此，假設 $X = 1$、$Y = (\sqrt{5} - 1)/2$ 後，正五角形的單邊 L 可表達成

$$L = \sqrt{X^2 + Y^2}$$

$X = 1$ 是可作圖的，然後

$$Y = \frac{\sqrt{5}-1}{2} = \sqrt{\frac{5}{4}} - \frac{1}{2} = \sqrt{1^2 + \left(\frac{1}{2}\right)^2} - \frac{1}{2}$$

由此可知，Y 也是可作圖的。

綜上所述，給定 1 的時候，遵循下述作圖步驟就可作圖 L、內接單位圓的正五角形。當然，這並不是畫出正五角形的唯一方法。

作圖正五角形的步驟範例

①由 1 作圖 x 軸和 y 軸；

②由 1 作圖 1/2；

③由 1 和 1/2 作圖 $\sqrt{5}/2$；

④由 $\sqrt{5}/2$ 和 1/2 作圖 $(\sqrt{5} - 1)/2$；

⑤由 $X = 1$ 和 $Y = (\sqrt{5} - 1)/2$ 作圖 $L = \sqrt{X^2 + Y^2}$；

⑥使用 L 作圖正五角形的頂點；

⑦完成正五角形。

作圖正五角形

①由 1 作圖 x 軸和 y 軸

　　已知給定長度為 1 的線段 $\overline{OA}$。

　　作圖通過 O、A 兩點的直線，假設為 x 軸。

　　以 O 為中心作圖半徑為 1 的圓，令圓 O 與 x 軸的交點中，點 A 以外的點為 B。

　　作圖線段 $\overline{AB}$ 的垂直平分線，假設為 y 軸。令圓 O 與 y 軸的交點之一為 C。

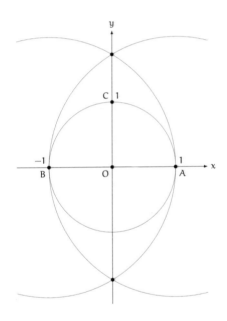

②由 1 作圖 1/2

　　作圖線段 $\overline{OC}$ 的垂直平分線，令與 y 軸的交點為 D。

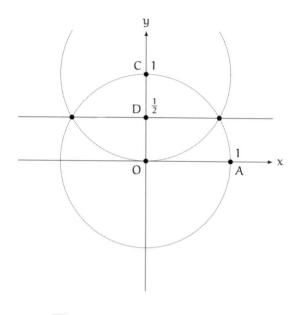

③由 1 和 1/2 作圖 $\sqrt{5}/2$

　　連結 D、A 兩點，線段 $\overline{DA}$ 的長度為

$$\sqrt{1^2 + \left(\frac{1}{2}\right)^2} = \frac{\sqrt{5}}{2}$$

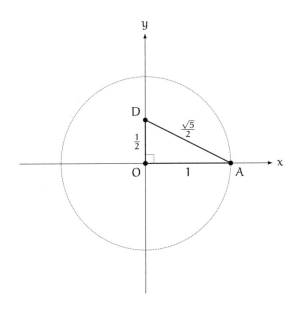

④由 $\sqrt{5}/2$ 和 1/2 作圖 $(\sqrt{5}-1)/2$

　　以點 D 為中心畫出線段 $\overline{DA}$ 為半徑的圓，令與 y 軸的交點為 E。此時，線段 $\overline{OE}$ 的長度為

$$\frac{\sqrt{5}}{2} - \frac{1}{2} = \frac{\sqrt{5}-1}{2}$$

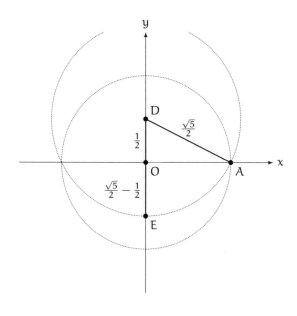

⑤由 $X = 1$ 和 $Y = (\sqrt{5} - 1)/2$ 作圖 $L = \sqrt{X^2 + Y^2}$

連線 E、A 兩點，線段 $\overline{EA}$ 的長度為

$$\sqrt{1^2 + \left(\frac{\sqrt{5} - 1}{2}\right)^2} = \frac{\sqrt{10 - 2\sqrt{5}}}{2}$$

這會是正五角形的單邊長 L。

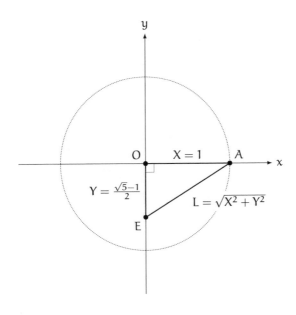

⑥使用 L 作圖正五角形的頂點

　　以點 A 為中心作圖半徑為 L 的圓，令與圓 O 的交點為 A_1、
A_4。以點 A_1 為中心作圖半徑為 L 的圓，令與圓 O 的交點中，點
A 以外的點為 A_2。以點 A_2 為中心作圖半徑為 L 的圓，令與圓 O
的交點中，點 A_1 以外的點為 A_3。這樣就能夠得到正五角形的頂
點 A、A_1、A_2、A_3、A_4。

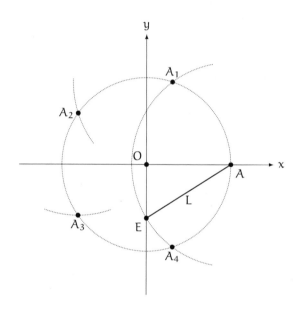

⑦完成正五角形

連線得到的頂點後，便可完成正五角形。

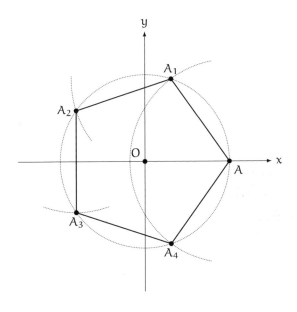

三等分角問題

在前面的附錄中，使用尺規作圖了正六角形、正五角形等。

僅由 1 的加減乘除與 $\sqrt{}$ 所寫成的數是可作圖的，但並不是任意圖形都能夠作圖。作圖問題可深入探求圖形與數的性質，具有重要的意義。

舉例來說，給定任意的角時，平分該角的直線是可作圖的。然而，三等分的直線未必是可作圖的（有些角可作圖三等分線，但有些角沒有辦法）。這是名為**三等分角問題**的著名問題。詳細內容請翻閱參考文獻[7]《三等分角》與[6]《數學女孩：伽羅瓦理論》。

第 4 章的問題

●問題 4-1（正 n 角形的頂點）

試求複數平面上，內接單位圓的正 n 角形頂點之一對齊 1 時，n 個頂點的複數。其中，假設 n 為 3 以上的整數，且計算過程可使用三角函數。

（解答在 p. 296）

●問題 4-2（正五角形的頂點）

在複數平面上，內接單位圓的正五角形頂點之一對齊 1 時，假設五個頂點的複數為（圖 A）：

$$\alpha_0 = 1, \quad \alpha_1, \quad \alpha_2, \quad \alpha_3, \quad \alpha_4$$

另外，內接單位圓的正五角形頂點之一對齊 i 時，假設五個頂點的複數為（圖 B）：

$$\beta_0 = i, \quad \beta_1, \quad \beta_2, \quad \beta_3, \quad \beta_4$$

請使用 α_0、α_1、……、α_4 分別表達複數 β_0、β_1、……、β_4。

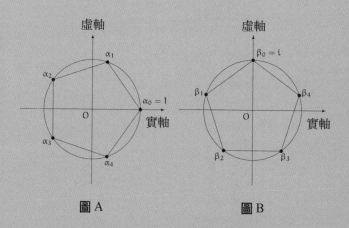

圖 A　　　　　　　　圖 B

（解答在 p. 297）

●問題 4-3（頂點的相加）

在正文中，如下求得複數平面上正五角形的五個頂點複數：

$$
\begin{cases}
\alpha_0 = 1 \\
\alpha_1 = \dfrac{-1+\sqrt{5}}{4} + i\dfrac{\sqrt{10+2\sqrt{5}}}{4} \\
\alpha_2 = \dfrac{-1-\sqrt{5}}{4} + i\dfrac{\sqrt{10-2\sqrt{5}}}{4} \\
\alpha_3 = \dfrac{-1-\sqrt{5}}{4} - i\dfrac{\sqrt{10-2\sqrt{5}}}{4} \\
\alpha_4 = \dfrac{-1+\sqrt{5}}{4} - i\dfrac{\sqrt{10+2\sqrt{5}}}{4}
\end{cases}
$$

試求該五個複數的總和：

$$
\alpha_0 + \alpha_1 + \alpha_2 + \alpha_3 + \alpha_4
$$

（解答在 p. 298）

●問題 4-4（共軛複數①）

已知 a、b、c 為實數且 $a \neq 0$，

$$ax^2 + bx + c = 0$$

二次方程式具有兩個根 α、β（重根時 $\alpha = \beta$）。此時可說 $\bar{\alpha} = \beta$ 嗎？

（答案在 p. 301）

●問題 4-5（共軛複數②）

已知 a、b、c 為實數且 $a \neq 0$。複數 β 滿足下式時，

$$a\beta^2 + b\beta + c = 0$$

可說 β 的共軛複數 $\bar{\beta}$ 滿足下式嗎？

$$a\bar{\beta}^2 + b\bar{\beta} + c = 0$$

（解答在 p. 303）

第 5 章

三維數與四維數

「若再踏出一步，情況會如何呢？」

5.1 何謂「三維數」？

今天是星期天，由梨一如往常地來我房間遊玩。

由梨：「吶，哥哥，直線是一維，然後平面是二維？」

我：「對，是可以這麼說沒錯。」

由梨：「實數是『一維數』、複數是『二維數』？」

我：「啊啊，沒錯。」

由梨：「這樣的話——『三維數』是什麼？」

我：「妳要問『三維數』是什麼嗎？」

「一維數」　　　　　「二維數」　　　　　「三維數」
實數　　　　　　　　複數　　　　　　　　？？？

由梨：「嗯，高中會學到『三維數』嗎？」

我：「不，高中不會學到，而且——」

由梨：「那麼，大學會學到嗎？」

我：「等等，我先舉個例子，實數 a 表示數線上的點，這是一維空間上的點；複數 $a + bi$ 表示兩數線垂直相交的座標平面上的點 (a, b)，這是二維空間上的點，其中 a、b 為實數。」

由梨：「這我知道。」

我：「同樣的道理，討論三條數線垂直相交的座標空間上的點 (a, b, c)，這就是三維空間上的點，其中 a、b、c 為實數。」

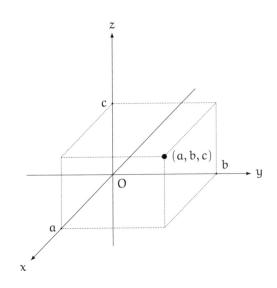

三維空間上的點

由梨：「就是這個！這是『三維數』嘛？」

我：「但是，這樣的數沒有辦法定義……」

由梨：「蛤？哥哥剛剛才說點 (a, b, c) 是三維啊。數學不是什麼
　　　都能夠定義嗎？『三維數』沒有辦法定義是什麼意思！」

我：「妳期望的是擴張複數的數吧，就像擴張實數作成複數一
　　　樣，想要擴張複數來作成『三維數』，但這樣的『三維
　　　數』應該沒有辦法被定義。我曾經在書中讀到，定義三維
　　　數是不可能的。」

由梨：「我、完全、無法認同！只要規定『將這定義為《三維

數》』不就好了嗎？如果不可能，那就證明給我看啊！」

我：「證明？不，這大概非常困難，現在的我沒有辦法證明。」

由梨：「哪有這樣的啊。哥哥不是常說，要找出自己的『不明
　　　白最前線』。明明這樣說過，卻輕易說出沒有辦法定義
　　　『三維數』？連嘗試證明都不嘗試，就說『沒有辦法』
　　　嗎？」

我：「好啦、好啦，由梨說得對。那麼，我們就一起來討論，
　　　無法擴張複數作成『三維數』的證明吧。雖然可能順利證
　　　明，但也有可能不順利喔。」

由梨：「或許會順利進行，也或許不會順利進行，這是不證自
　　　明的事情。」

我：「這是誰的名言？」

由梨：「由梨的名言。」

5.2　複數的形式

我：「首先，須要先釐清想要證明什麼東西。我們現在『想要
　　　證明什麼？』」

由梨：「想要證明作不出『三維數』！」

我：「沒錯，我們想要證明擴張複數作不出『三維數』，所以
　　　必須先來明確表達『擴張複數的《三維數》』的意義，否
　　　則會搞不清楚自己到底在做什麼。」

由梨：「喔喔，那這該怎麼做呢？」

我：「我有一個想法，先再次確認複數的形式，然後根據擴張實數的複數呈現什麼形式，來決定擴張複數的『三維數』形式。」

由梨：「將實數→複數的做法，套用到複數→『三維數』嘛！」

複數

假設 a 和 b 為實數，則將表成下述形式的數稱為複數：

$$a + bi$$

其中，i 為虛數單位。

我：「可寫成 $a + bi$ 形式的數全部都是複數，反過來說，若是複數，就能夠寫成 $a + bi$ 的形式。」

由梨：「我好像知道『三維數』的形式了！」

我：「這麼快！」

5.3 「三維數」的形式

由梨：「因為『二維數』是 $a + bi$，所以『三維數』可寫成 $a + bi + cj$ 吧？」

由梨的想法

a	「一維數」（實數）
$a + bi$	「二維數」（複數）
$a + bi + cj$	「三維數」←想要調查的目標！

我：「原來如此，這樣的話，『文字的意義』就會變得十分重要。」

由梨：「『文字的意義』是什麼？」

我：「妳剛才將『三維數』寫成

$$a + bi + cj$$

當中出現了五個文字 a、b、c、i、j。我們需要清楚說明文字的意義，否則就無法瞭解式子 $a + bi + cj$ 在表達什麼。」

由梨：「好啦，你說得對喵。」

我：「$a + bi + cj$ 當中，妳想要表示 a、b、c 是實數嘛。」

由梨：「對，i 是虛數單位，然後 j 是——什麼呢？」

我：「對，就是這裡。定義複數時，新登場的虛數單位 i 是關鍵的重點。同理，在定義『三維數』的時候，新登場的文字 j 也會是關鍵。」

由梨：「j 是什麼？」

我：「一步一步討論吧。以 $a + bi + cj$ 表達『三維數』時，j 是實數嗎？」

由梨：「我認為不是。」

我：「為什麼會認為不是呢？」

由梨：「……我也說不上來，不知道該怎麼解釋。」

我：「試著用『若……』來思考吧。若假設 j 為實數，則 a、b、c、j 為實數，$a + cj$ 也為實數，式子可寫成

$$a + bi + cj = \underbrace{(a + cj)}_{\text{實數}} + \underbrace{b}_{\text{實數}}\ i$$

這是複數的形式，所以 $a + bi + cj$ 是複數。換言之，假設 j 為實數，就沒有辦法形成新的『三維數』，所以推得 j 不是實數。這樣我們就稍微瞭解了 j 一點。」

由梨：「嗯……這樣的話，假設 j 為複數也不行嘛。」

我：「為什麼會這麼想呢？」

由梨：「如果 j 為複數，那 $a + bi + cj$ 不就也會變成複數嗎？」

我：「若假設 j 為複數，則 j 應該可用兩實數 A 和 B 寫成

$j = A + Bi$ 才對。這樣一來，$a + bi + cj$ 便能夠像這樣計算。」

$$\begin{aligned}a + bi + cj &= a + bi + c(A + Bi) \qquad \text{因為}\,j = A + Bi\\&= a + bi + cA + cBi \qquad \text{展開}\\&= \underbrace{(a + cA)}_{\text{實數}} + \underbrace{(b + cB)}_{\text{實數}}i\end{aligned}$$

所以，若 j 為複數，$a + bi + cj$ 也會為複數，便無法形成新的『三維數』。就如同妳所想的一樣，j 並不是複數。這下我們又稍微瞭解了 j 一些。」

由梨：「……」

我：「……怎麼了，由梨？」

由梨：「$a + bi$ 是複數，原來是這個意思啊！

實數＋實數× i

這個形式很重要？」

我：「是的，沒錯！」

由梨：「那麼，j 是什麼？差不多可以公布答案了吧。」

我：「不，我不知道答案喔。妳覺得可寫成 $a + bi + cj$ 的數應該稱為『三維數』，我也認為這樣不錯。a、b、c 是實數；i 是虛數單位；j 既不是複數也不是實數。那麼，j 究竟該怎麼討論呢？——若是知道答案，就能弄清楚妳期待的『三維數』是什麼東西。若無法弄清楚是什麼，就連不存在這件事也無法證明。」

由梨：「弄清楚之後，反而能證明不存在這點！真有趣！」

我：「若是不清楚，就不能夠斷言不存在。」

由梨：「這是誰的名言？」

我：「不清楚。」

由梨：「那不重要，繼續講數學的事情啦！j 究竟是什麼？」

我：「我說了我不知道。$a + bi + cj$ 是什麼？該怎麼討論？
……」

在安靜下來的房間裡，由梨和我馳騁在各自的思緒中。
僅有沉默的時間流逝。
「沉默」與「時間」，
這兩者是思考時不可或缺的要素。

5.4 關鍵的第三個數

我：「……吶，由梨。我可以說話嗎？」

由梨：「可以啊。」

我：「我們想要討論 j 嘛，但在這之前，先試著思考 i 吧。」

由梨：「哼嗯？」

我：「整理複數與座標平面的關係，則複數 $a + bi$ 是 1 的 a 倍
加上 i 的 b 倍。然後，

- 1 的 a 倍的數是 x 軸上的點 $(a, 0)$
- i 的 b 倍的數是 y 軸上的點 $(0, b)$

會變成這個樣子。」

由梨：「哦哦？」

我：「如同擴張般，討論『三維數』與座標平面的關係，則『三維數』$a + bi + cj$ 是 1 的 a 倍、i 的 b 倍加上 j 的 c 倍。所以，

- 1 的 a 倍的數是 x 軸上的點 $(a, 0, 0)$
- i 的 b 倍的數是 y 軸上的點 $(0, b, 0)$
- j 的 c 倍的數是 z 軸上的點 $(0, 0, c)$

這樣想如何呢？」

由梨：「很有趣⋯⋯但 j 究竟是什麼？」

我：「將 a、b、c 分別視為 1，就能夠知道了。」

- 1 的 1 倍的數是 x 軸上的點 $(1, 0, 0)$
- i 的 1 倍的數是 y 軸上的點 $(0, 1, 0)$
- j 的 1 倍的數是 z 軸上的點 $(0, 0, 1)$

由梨：「j 最後是點 $(0, 0, 1)$ 嗎？可以這樣解釋嗎？」

我：「可以。複數平面上的 i，對應二維座標平面上的點 $(0, 1)$，跟這個是同樣的道理。」

由梨：「啊！的確！好厲害！」

我：「問題是要怎麼運算……」

由梨：「運算。對哦，因為是數，所以會想要去運算。」

我：「加減運算沒有問題。實數想成數線上的點時，乘上負數需要討論方向；複數想成複數平面上的點時，複數之間的乘法會是旋轉與放大縮小。那『三維數』的乘法又會是如何呢——？」

由梨：「等、等等，『三維數』要怎麼加減運算？」

我：「將『三維數』想成是三維空間的向量，分別加減各成分就行了。例如，$a + bi + cj$ 與 $A + Bi + Cj$ 的相加減，可以像這樣來討論。」

「三維數」的相加

$$(a + bi + cj) + (A + Bi + Cj) = (a + A) + (b + B)i + (c + C)j$$
$$\updownarrow \qquad\qquad \updownarrow \qquad\qquad\qquad \updownarrow$$
$$(a, b, c) \quad + \quad (A, B, C) \quad = \quad (a + A, b + B, c + C)$$

「三維數」的相減

$$(a + bi + cj) - (A + Bi + Cj) = (a - A) + (b - B)i + (c - C)j$$
$$\updownarrow \qquad\qquad \updownarrow \qquad\qquad\qquad \updownarrow$$
$$(a, b, c) \quad - \quad (A, B, C) \quad = \quad (a - A, b - B, c - C)$$

由梨：「這樣啊。」

我：「這邊討論的『三維數』加減，若是 $c = C = 0$，則會變成複數的加減；若是 $b = B = c = C = 0$，則會變成實數的加減！」

由梨：「好厲害！這是具有整合性的擴張嘛！」

我：「所以，出現問題的是 $a + bi + cj$ 的乘法，這裡同樣也想要具有整合性地擴張。」

游離：「加法、減法、乘法、除法……那絕對值呢？」

我：「絕對值？」

由梨：「就像擴張實數的絕對值來作成複數的絕對值，不能夠擴張複數的絕對值作成『三維數』的絕對值……嗎？」

我：「啊啊，如果是當作與原點的距離，自然就能夠定義喔。」

$$|a| = \sqrt{a^2} \qquad\qquad \text{實數的絕對值}$$

$$|a + bi| = \sqrt{a^2 + b^2} \qquad\qquad \text{複數的絕對值}$$

$$|a + bi + cj| = \sqrt{a^2 + b^2 + c^2} \qquad \text{「三維數」的絕對值}$$

由梨:「啊,對哦⋯⋯這樣的話,會是 $|j| = 1$ 嘛。」

$$|0 + 0i + 1j| = \sqrt{0^2 + 0^2 + 1^2} = 1$$

我:「的確!由梨,真虧妳注意得到這點!」

由梨:「因為我們是在研究 j 嘛?」

我:「我們又稍微瞭解 j 一點了。$|j| = 1$。」

由梨:「即便知道了 $|j| = 1$,還是不瞭解關鍵的 $\overset{\bullet}{j}$ 喵⋯⋯」

我:「但有發現其他事情喔,由梨。$a + bi + cj$ 的 $c = 0$ 時,

$$a + bi$$

會是複數、『二維數』,而 $b = 0$ 的時候,也希望

$$a + cj$$

是跟複數相似的『二維數』!」

由梨:「喔喔!這是什麼意思?」

我:「我也不曉得。」

由梨:「什麼嘛⋯⋯喵!若 j 跟 i 相似,$j = -i$ 如何呢?」

我：「不，這樣不行。j 不是複數……」

由梨：「對哦，j 究竟是什麼東西喵！」

我：「為了弄清楚 j，試著討論乘法吧。妳希望 1 和 j 相乘後變成什麼？」

由梨：「因為是與 1 相乘，所以會希望維持 j。」

我：「這樣的話，就是 $1j = j$。那麼，ij 會如何呢？」

由梨：「i 乘上 j……嗯……會如何呢？」

我：「至少，會希望能夠表達成 $ij = a + bi + cj$ 的形式。」

由梨：「這可以表達得出來吧？」

我：「不，我們現在想要說明的是，能夠運算的『三維數』不存在。所以，肯定有哪邊出了問題，必須小心確認。」

由梨：「ij 不能夠表達成 $a + bi + cj$ 的形式會有困擾嗎？」

我：「有的，因為這樣的話，i 乘上 j 的結果不會變成『三維數』。」

由梨：「可能會變成『四維數』嘛。」

我：「所以，假設 ij 為『三維數』，則可寫成

$$ij = a + bi + cj$$

當然，a、b、c 為實數喔。」

由梨：「即便這樣寫出來，也什麼事都不會發生哦。」

我：「不，是我們要讓事情發生，譬如將兩邊試著乘上 i。」

由梨：「為什麼要這樣做？」

我：「因為 i 乘上 ij 可作成 $-j$。我們現在持有的武器，就只有 $i^2 = -1$、$|j| = 1$ 和 $ij = a + bi + cj$，能夠做的事情有限。」

由梨：「還有『a、b、c 為實數』這項武器哦。」

我：「是的。為了作出 ij，先將兩邊試著乘上 i。」

$$\begin{aligned} ij &= a + bi + cj && \text{ij 以 $a + bi + cj$ 來表達} \\ iij &= i(a + bi + cj) && \text{兩邊試著乘上 i} \\ i^2 j &= ai + bi^2 + cij && \text{展開後整理乘積順序} \\ -j &= ai - b + cij && \text{因為 $i^2 = -1$} \end{aligned}$$

由梨：「什麼事也沒有發生。」

我：「因為 $-j = ai - b + cij$，所以將右邊移項至左邊後，會變成

$$-ai + b - cij - j = 0 \qquad \cdots\cdots \heartsuit$$

我們關心的 ij 出現在 cij 之中了。」

由梨：「代入 $ij = a + bi + cj$ 嗎？」

我：「對，沒錯。」

$$-ai + b - c\boxed{ij} - j = 0 \qquad \text{由}♡\text{得到}$$
$$-ai + b - c(\boxed{a + bi + cj}) - j = 0 \qquad \text{因為 } ij = a + bi + cj$$
$$-ai + b - ca - cbi - c^2j - j = 0 \qquad \text{展開}$$
$$(b - ca) - (a + bc)i - (c^2 + 1)j = 0 \qquad \text{提出 } i \text{、} j \text{ 整理}$$

由梨：「式子變得好混亂。」

我：「！！！！」

由梨：「怎麼了，哥哥？」

我：「我知道了！由梨的武器發生效果了！」

由梨：「蛤？」

我：「c 是實數，所以 $c^2 + 1 \neq 0$！」

由梨：「這有什麼好興奮的。」

我：「若 $c^2 + 1 \neq 0$，就能夠除以 $c^2 + 1$！」

由梨：「兩邊除以 $c^2 + 1$ 嗎？」

$$(b - ca) - (a + bc)i - (c^2 + 1)j = 0 \qquad \text{由上式得到}$$
$$\frac{b - ca}{c^2 + 1} - \frac{a + bc}{c^2 + 1}i - j = 0 \qquad \text{除以 } c^2 + 1$$

我：「將 j 移項至右邊就能夠明白了。」

$$\underbrace{\frac{b - ca}{c^2 + 1}}_{\text{實數}} + \underbrace{\frac{-(a + bc)}{c^2 + 1}}_{\text{實數}} i = j$$

由梨:「！！！哥哥，j 變成複數了！」

我:「沒錯，我們前面是假設 $ij = a + bi + cj$，但這樣一來，j 明明不是複數卻會變成複數，就產生了矛盾。因此，這證明了 $ij = a + bi + cj$ 的假設是錯誤的。嗯，這樣就瞭解了，由梨所說的『三維數』是作不出來的！」

由梨:「我完全想通了。」

5.5　圖書室

蒂蒂:「好厲害……好厲害！」

放學後，蒂蒂和我一如往常地待在高中裡的圖書室聊天。我們正聊著前陣子跟由梨討論的「三維數」。

我:「很有趣吧。像這樣進行討論後，竟然證明了由梨所說的『三維數』是作不出來的。真的好讓人開心啊！」

蒂蒂:「『擴張複數』的聯想非常厲害。」

我:「真的。因此，確認複數形式的想法很重要，這樣才能夠由 $a + bi$ 擴張到 $a + bi + cj$。」

蒂蒂:「想法──這讓我重新體會到，將想法表達成數學式，這本身就是非常強力的武器。」

我:「是啊，我也這麼認為。」

蒂蒂：「嗯，以數線想像實數、以平面想像複數，這感覺十分容易理解，但光靠想像是不行的，有可能一不小心就聯想出像『三維數』這樣的東西，認為『空間的數』等概念『非常有可能存在』。然而，如果不想像，又無法注意到這沒辦法如同實數、複數一般來運算……」

我：「對，的確是那樣，不是光靠感覺討論想法、意象，還得表達成數學式弄明白。若沒有弄明白，就無法確實討論，人類的直覺很容易被欺騙。」

蒂蒂：「將談話中希望是『三維數』的 ij 表達成 $a + bi + cj$，像這樣轉成數學式後，就能夠仔細調查。」

我：「沒錯。假設 a、b、c 為實數；i 為虛數單位；j 為非複數的數。」

蒂蒂：「對啊，像這樣表達後，再如同複數來運算——就能得到 j 其實是複數的結論。這樣的話，『j 不是複數』和『j 是複數』產生矛盾，這樣的 j 不存在。」

我：「是的，將 j 當作數學式運算中出現的文字，假設能夠使用交換律、結合律、分配律，就能夠做因式分解、展開。用這樣的方法，就能證明這樣的 j 不存在，真讓人開心。」

蒂蒂：「是啊……對了，交換律是指 $\alpha+\beta=\beta+\alpha$ 嘛。那個，稍微確認一下而已。」

我：「是的，沒錯。交換律有加法和乘法兩種，對於任意複數 α、β，下式成立：

$$\alpha + \beta = \beta + \alpha$$

這稱為加法的交換律。」

蒂蒂：「原來如此，複數的乘法交換律也成立嘛。對於任意複數 α、β，下式成立：

$$\alpha\beta = \beta\alpha$$

」

我：「同理，結合律也有加法和乘法兩種，但分配律只有一種。因為分配律是在描述加法和乘法的運算關係。」

> **滿足複數的法則**
>
> 對於任意複數 α、β、γ 下述法則成立：
>
> | | | |
> |---|---|---|
> | 結合律 | $(\alpha + \beta) + \gamma = \alpha + (\beta + \gamma)$ | $(\alpha\beta)\gamma = \alpha(\beta\gamma)$ |
> | 交換律 | $\alpha + \beta = \beta + \alpha$ | $\alpha\beta = \beta\alpha$ |
> | 單位元素 | $\alpha + 0 = \alpha$ | $1\alpha = \alpha$ |
> | 反元素 | $\alpha + (-\alpha) = 0$ | $\alpha\,\alpha^{-1} = 1 \quad (\alpha \neq 0)$ |
> | 分配律 | $\alpha(\beta + \gamma) = \alpha\beta + \alpha\gamma$ | |
>
> - 0 是加法的單位元素；1 是乘法的單位元素。
> - α 的加法反元素是 $-\alpha$。
> - α 的乘法反元素（倒數）僅存在 $\alpha \neq 0$ 的時候，記為 $\frac{1}{\alpha}$ 或者 α^{-1}。

蒂蒂：「好的，沒問題。只要利用這些法則成立後，就可以推進計算了嘛。」

我：「就是這麼一回事，『三維數』不存在的證明，需要使用到這些法則。最後的決定關鍵是 c 為實數，所以 $c^2 + 1 \neq 0$。」

蒂蒂：「因為 $c^2 + 1 \neq 0$，所以能夠做除法。」

我：「沒錯，複數不存在零因子（zero divisor）。」

蒂蒂：「不存在零因子——」

我：「假設兩複數 α 和 β 皆不為 0，也就是 $\alpha \neq 0$ 且 $\beta \neq 0$。此時，不會出現 $\alpha\beta = 0$ 的情況——這就是『複數不存在零因子』的意思。所謂的零因子，是指明明不是 0 相乘後卻變成 0 的數。複數不存在零因子，所以若 $\alpha \neq 0$ 則倒數 $1/\alpha$ 存在，能夠做除法運算。」

蒂蒂：「啊……零因子，以前在學習矩陣的時候有學過[*]。」

我：「是的，若要證明『三維數』不存在，另外還需要用到 $i^2 = -1$。」

蒂蒂：「原來如此，這是虛數單位 i 具有的性質，使用 $i^2 = -1$ ……啊啦？」

我：「怎麼了？」

蒂蒂：「學長……『三維數』真的不存在嗎？」

我：「是的，前面已經證明了。」

蒂蒂：「……學長，我可以稍微離開一下嗎？我想要一個人計算看看。」

我：「咦？嗯，當然可以。」

蒂蒂抱著筆記本和鉛筆盒，移動到窗邊的座位，靜靜地計算起來。

我：「……我也來算自己的數學吧。」

蒂蒂和我就這樣各自度過思考數學的時光。

---

[*]參見《數學女孩秘密筆記：矩陣篇》。

「沉默」與「時間」，

這兩者是思考時不可或缺的要素。

5.6　哈密頓的四元數

過了不久，米爾迦出現了。

米爾迦：「蒂蒂今天沒有來嗎？」

我：「有喔，她坐在那邊計算。」

米爾迦：「哼嗯。」

米爾迦是我的同班同學，

一頭黑長髮配上金屬框的眼鏡，非常適合。

她也是我在放學後圖書室進行「數學對談」的同伴。

我：「剛才我和她聊『三維數』不存在的話題聊到一半，她好像突然想到了什麼。」

米爾迦：「『三維數』是指？」

我向米爾迦說明「三維數」的內容。

我：「……我們像這樣討論了 $a + bi + cj$。」

米爾迦：「哼嗯，擴張複數作成 $a + bi + cj$ 的形式，假設能夠做一般的四則運算，計算 ij 後證明了 j 為複數。」

我：「嗯，就是這麼一回事。」

米爾迦：「話說回來，你有聽過哈密頓的四元數嗎？」

我：「四元數……我有聽過名稱，但不是很瞭解。」

米爾迦：「若換成你的用語，四元數就是接近『四維數』的數，可以想成是複數的擴張。」

我：「米爾迦，等一下。在那個『四維數』中，像複數之類的法則成立嗎？」

米爾迦：「大部分都成立，但不是全都如此。在哈密頓的四元數中，加法交換律、加法結合律、乘法結合律、分配律成立，跟複數一樣不存在零因子。然而，在四元數中，乘法交換律不成立。」

	實數	複數	四元數
加法交換律	成立	成立	成立
乘法交換律	成立	成立	不成立
加法結合律	成立	成立	成立
乘法結合律	成立	成立	成立
分配律	成立	成立	成立
零因子	不存在	不存在	不存在

我：「乘法交換律不成立──能夠作出這樣的數啊。」

米爾迦：「如同實數表達為 a、複數表達為 $a + bi$、『三維數』表達為 $a + bi + cj$，四元數則表達為 $a + bi + cj + dk$。」

a	實數
a + bi	複數
a + bi + cj	「三維數」
a + bi + cj + dk	四元數

我：「原來如此，a、b、c、d為實數，而重要的關鍵是i、j、k嘛。」

米爾迦：「沒錯，發揮類似虛數單位 i 作用的數有 i、j、k 三種，就感覺而言，會想要寫成 $a1 + bi + cj + dk$。i、j、k 被定義為滿足這條式子的要素。」

在四元數 $a + bi + cj + dk$ 中，i、j、k 滿足的式子：

$$i^2 = -1 \qquad j^2 = -1 \qquad k^2 = -1$$
$$ij = k \qquad jk = i \qquad ki = j$$

我：「誒……這樣啊。複數中特別的文字只有 i，式子光 $i^2 = -1$ 就足夠了，但四元數有i、j、k三種文字，式子也會比較多。$ji = k$、$jk = i$、$ki = j$……形成循環了，i 乘上 j 為k、j 乘上 k 為 i、k 乘上 i 為j，所以 $i \to j \to k \to i \to$ ……」

米爾迦：「雖然我也不是很清楚四元數，但光從這條式子就能夠知道很多事情。例如，由

$$i^2 = -1 \qquad j^2 = -1 \qquad k^2 = -1$$

可知 i、j、k 皆不是實數。」

我：「啊啊，這麼說也沒錯，因為平方後為負數。」

米爾迦：「然後，

$$ij = k \qquad jk = i \qquad ki = j$$

雖然只列出三個乘積，但其他式子馬上就能推導出來。例如，提出這樣的問題：ji 的結果為何？」

我：「對喔……四元數的乘法交換律不成立，所以 $ji = ij$ 未必正確。」

米爾迦：「你應該能夠馬上推導出來。」

我：「推導 ji 的結果。嗯，總之先試試看……

$$
\begin{aligned}
ji &= j(jk) &&\text{因為 } jk = i \\
&= (jj)k &&\text{由結合律得到} \\
&= (j^2)k &&\text{因為 } jj = j^2 \\
&= (-1)k &&\text{因為 } j^2 = -1 \\
&= -k
\end{aligned}
$$

……這樣的話，結果會是 $ji = -k$。」

米爾迦：「沒錯。同理，也可說 $kj = -i$、$ik = -j$。瞭解到這裡後，就能夠證明四元數的乘法可具體計算，而且其結果會是四元數。」

我：「$ij = k$、$ji = -k$ 的話，也就是說 $ji = -ij$，乘法交換後，正負號會反轉……話說回來，$i^2 = -1$、$j^2 = -1$、$k^2 = -1$、$ij = k$、$jk = i$、$ki = j$ 等，這些式子是怎麼想到的啊。」

米爾迦：「這是數學家哈密頓[*]辛苦發現的。根據文獻記載，哈密頓是以公理的角度切入，研究滿足結合律、分配律、交換律等的數。」

5.7　蒂蒂的發現

蒂蒂突然大動作揮舞著筆記本跑了過來，
像是完成了有趣的計算的樣子。

蒂蒂：「學長！米爾迦學姐！我發現了！蒂蒂有了大發現！我注意到能夠非常自然地『擴張複數』的方法了！只要弄成『四維數』就行了！」

米爾迦＋我：「四元數？」

米爾迦和我不由得面面相覷。

蒂蒂：「四元數——是什麼？」

我：「那個，剛才米爾迦正跟我聊到。四元數是……好痛！」

米爾迦在桌子底下踢了一下我的小腿。
非常的痛。

米爾迦：「總之，先來聽蒂蒂的發現吧。」

蒂蒂：「好的。剛才跟學長在聊『三維數』的內容時，我想到了這樣的事情。那、那個——」

---

*William Rowan Hamilton，1805～1865。

蒂蒂就這樣發表著她的發現。

內容著實令人驚豔。

5.8 蒂蒂的想法

那、那個，因為是突然想到的東西，還沒有統整得很好，對不起。我會按照順序說出想到的內容。

首先，我思考了學長教由梨的複數：

$$a + bi \qquad \textbf{複數}（a、b \textbf{為實數}）$$

這個複數是以 a 和 b 的實數——也就是 a、b 的「實數組合」表達。因為配套成對，所以可如座標這樣書寫，也就是「二維數」：

$$(a, b) \qquad \textbf{複數}（a、b \textbf{為實數}）$$

然後，腦中忽然靈光一閃——

不是**實數組合**，而是**複數組合**的話會如何呢？

若一個複數是「二維數」，複數組合不就會變成「四維數」！……我是這樣想的。

想法①

兩實數 a、b 的組合，

$$(a, b)$$

是表達可稱為「二維數」的複數。這樣的話，兩複數 α、β 的組合

$$(\alpha, \beta)$$

不就是表達「四維數」嗎？

靈光一閃迸出這個想法①後，我想要更進一步思考，所以才一個人離開，去嘗試計算。

如同學長所說，不是只抱持朦朧的意象，而是將其表達成數學式。但是，我不曉得該怎麼討論這樣的「四維數」。

就在這個時候，我腦中又靈光一閃──只要模仿複數的運算不就行了！

想法②

試著將複數 $a + bi$ 的計算，以這樣的組合來表達：

$$(a, b)$$

然後，將括號內的 a 換成 α、b 換成 β，不就會變成「四維數」的運算了嗎？

這個想法讓我非常興奮！因為我終於能夠用數學式表達了！

◎　◎　◎

我：「原來如此！這樣的話……」

米爾迦：「吶，同學，蒂蒂的發表還沒有結束哦。」

我不由自主地止住了自己的聲音。
米爾迦如同指揮家般用手指向蒂蒂，示意她繼續。

蒂蒂：「好的！於是接下來，我便趕緊動手計算。」

◎　◎　◎

我便趕緊動手計算。
首先是**加法**，兩複數 $a + bi$ 和 $c + di$ 的相加是

$$(a + bi) + (c + di) = (a + c) + (b + d)i$$

這樣的話，寫成「實數組合」的形式會是

$$(a, b) + (c, d) = (a + c, b + d)$$

兩實部、兩虛部彼此相加。

　　然後,替換文字,也就是將實數 a、b、c、d 分別換成複數 α、β、γ、δ:

$$
\begin{array}{cccc}
a & b & c & d \\
\downarrow & \downarrow & \downarrow & \downarrow \\
\alpha & \beta & \gamma & \delta
\end{array}
$$

　　這樣一來,可以得到

$$(\alpha, \beta) + (\gamma, \delta) = (\alpha + \gamma, \beta + \delta)$$

假設這個是「四維數」的加法!

　　接著是**乘法**,複數 $a + bi$ 和 $c + di$ 的相乘相當複雜——

$$
\begin{aligned}
(a + bi)(c + di) &= (a + bi)c + (a + bi)di \\
&= ac + bic + adi + bidi \\
&= ac + bci + adi - bd \\
&= (ac - bd) + (ad + bc)i
\end{aligned}
$$

寫成「實數組合」會是

$$(a, b)(c, d) = (ac - bd, ad + bc)$$

跟剛剛一樣,替換文字後得到

$$(\alpha, \beta)(\gamma, \delta) = (\alpha\gamma - \beta\delta, \alpha\delta + \beta\gamma)$$

假設這個是「四維數」的乘法!然後,整理想法①和②:

到目前為止的整理

假設 α、β、γ、δ 為複數。

- 將「複數組合」稱為「四維數」：

$$(\alpha, \beta)$$

- 將「四維數」的加法定義為下式：

$$(\alpha, \beta) + (\gamma, \delta) = (\alpha + \gamma, \beta + \delta)$$

- 將「四維數」的乘法定義為下式：

$$(\alpha, \beta)(\gamma, \delta) = (\alpha\gamma - \beta\delta, \alpha\delta + \beta\gamma)$$

◎　◎　◎

米爾迦：「哼嗯，但是這樣的話……」

我：「吶，米爾迦，蒂蒂的發表好像還沒有結束喔。」

米爾迦：「姆。」

蒂蒂：「對不起講這麼久。能夠——」

◎　◎　◎

　　能夠定義「四維數」的加法和乘法，讓我覺得非常高興……但卻沒有「確實理解的感覺」，這讓我有些難以釋懷。

　　為什麼沒有理解的感覺？我想原因應該是「實數組合」的式子。

$$(a, b)(c, d) = (ac - bd, ad + bc)$$

對我來說，這個式子太過複雜，不太像是在做乘法⋯⋯就在這個時候，我想到學長經常掛在嘴邊的：仔細觀察「式子的形式」。然後，我回憶起波利亞（George Polya）老師的問題：「沒有近似的東西嗎？」

觀察 $ad + bc$ 的式子形式，會感覺跟某處的 $ad - bc$ 有些相似，隱隱覺得在矩陣的什麼地方看過，翻閱筆記本後發現，$ad - bc$ 是 $\begin{pmatrix} a & b \\ c & d \end{pmatrix}$ 的行列式！

然後，我決定複習矩陣的內容。

5.9 蒂蒂的矩陣講座

▶ $\begin{pmatrix} a & b \\ c & d \end{pmatrix}$ 是以 a、b、c、d 為元素的矩陣[*]：

$$\begin{pmatrix} a & b \\ c & d \end{pmatrix}$$

▶ 有的時候會像 a_{11}、a_{12}、a_{21}、a_{22} 這樣添加下標：

$$\begin{pmatrix} a_{11} & a_{12} \\ a_{21} & a_{22} \end{pmatrix}$$

▶ 元素皆為實數的矩陣，稱為**實數矩陣**；元素皆為複數的矩陣，稱為**複數矩陣**。

▶ 兩矩陣**相等**定義為對應的兩元素相等：

---

[*]本書僅討論 2 行 2 列的 2×2 正方矩陣。

$$\begin{pmatrix} a_{11} & a_{12} \\ a_{21} & a_{22} \end{pmatrix} = \begin{pmatrix} b_{11} & b_{12} \\ b_{21} & b_{22} \end{pmatrix} \iff \begin{cases} a_{11} = b_{11} \\ a_{12} = b_{12} \\ a_{21} = b_{21} \\ a_{22} = b_{22} \end{cases}$$

▸ 矩陣的**加法**定義為對應的兩元素相加：

$$\begin{pmatrix} a_{11} & a_{12} \\ a_{21} & a_{22} \end{pmatrix} + \begin{pmatrix} b_{11} & b_{12} \\ b_{21} & b_{22} \end{pmatrix} = \begin{pmatrix} a_{11} + b_{11} & a_{12} + b_{12} \\ a_{21} + b_{21} & a_{22} + b_{22} \end{pmatrix}$$

▸ 矩陣的**實數倍**定義為各元素的實數倍：

$$r \begin{pmatrix} a_{11} & a_{12} \\ a_{21} & a_{22} \end{pmatrix} = \begin{pmatrix} ra_{11} & ra_{12} \\ ra_{21} & ra_{22} \end{pmatrix} \quad (r \text{ 為實數})$$

▸ 例如，矩陣的 -1 倍會是

$$- \begin{pmatrix} a_{11} & a_{12} \\ a_{21} & a_{22} \end{pmatrix} = \begin{pmatrix} -a_{11} & -a_{12} \\ -a_{21} & -a_{22} \end{pmatrix}$$

▸ 這樣一來，兩矩陣的**減法**會是對應的兩元素相減：

$$\begin{pmatrix} a_{11} & a_{12} \\ a_{21} & a_{22} \end{pmatrix} - \begin{pmatrix} b_{11} & b_{12} \\ b_{21} & b_{22} \end{pmatrix} = \begin{pmatrix} a_{11} - b_{11} & a_{12} - b_{12} \\ a_{21} - b_{21} & a_{22} - b_{22} \end{pmatrix}$$

▸ 兩矩陣的**乘法**定義為下式：

$$\begin{pmatrix} a_{11} & a_{12} \\ a_{21} & a_{22} \end{pmatrix} \begin{pmatrix} b_{11} & b_{12} \\ b_{21} & b_{22} \end{pmatrix} = \begin{pmatrix} a_{11}b_{11} + a_{12}b_{21} & a_{11}b_{12} + a_{12}b_{22} \\ a_{21}b_{11} + a_{22}b_{21} & a_{21}b_{12} + a_{22}b_{22} \end{pmatrix}$$

▸ 零矩陣在加法中扮演 0 的角色，是所有元素皆為 0 的矩陣。任意矩陣加上零後，矩陣皆不會改變。

$$\begin{pmatrix} 0 & 0 \\ 0 & 0 \end{pmatrix}$$

▸ 單位矩陣在乘法中扮演 1 的角色，是元素如下的矩陣。任意矩陣乘上單位，矩陣皆不會改變。

$$\begin{pmatrix} 1 & 0 \\ 0 & 1 \end{pmatrix}$$

▸ 然後，矩陣 $\begin{pmatrix} a & b \\ c & d \end{pmatrix}$ 的行列式定義如下：

$$\begin{vmatrix} a & b \\ c & d \end{vmatrix} = ad - bc$$

沒錯，就是因為這個行列式，我才決定複習矩陣的內容。

5.10　以矩陣表達複數

然後，我的筆記本中，有寫到「以矩陣表達複數」的內容，這是學長之前教我的東西*。遵循乘法的定義，矩陣 $\begin{pmatrix} 0 & -1 \\ 1 & 0 \end{pmatrix}$ 平方後，下式成立：

$$\begin{pmatrix} 0 & -1 \\ 1 & 0 \end{pmatrix}^2 = -\begin{pmatrix} 1 & 0 \\ 0 & 1 \end{pmatrix}$$

平方後變成單位矩陣的 − 1 倍，所以

$$\begin{pmatrix} 0 & -1 \\ 1 & 0 \end{pmatrix}$$

這個矩陣扮演如同虛數單位 i 的角色！獲得像是 1 一般的 $\begin{pmatrix} 1 & 0 \\ 0 & 1 \end{pmatrix}$

---

*參見《數學女孩秘密筆記：矩陣篇》。

和像是 i 一般的 $\begin{pmatrix} 0 & -1 \\ 1 & 0 \end{pmatrix}$ 等武器後，我就能夠以矩陣表達複數了。

假設 a、b 為實數，因為 $a + bi$ 可寫成

$$a \times 1 + b \times i$$

所以將 1 換成 $\begin{pmatrix} 1 & 0 \\ 0 & 1 \end{pmatrix}$、$i$ 換成 $\begin{pmatrix} 0 & -1 \\ 1 & 0 \end{pmatrix}$ 後，就能夠作出如下的矩陣：

$$a\begin{pmatrix} 1 & 0 \\ 0 & 1 \end{pmatrix} + b\begin{pmatrix} 0 & -1 \\ 1 & 0 \end{pmatrix}$$

運算整理得到

$$a\begin{pmatrix} 1 & 0 \\ 0 & 1 \end{pmatrix} + b\begin{pmatrix} 0 & -1 \\ 1 & 0 \end{pmatrix} = \begin{pmatrix} a & 0 \\ 0 & a \end{pmatrix} + \begin{pmatrix} 0 & -b \\ b & 0 \end{pmatrix}$$
$$= \begin{pmatrix} a & -b \\ b & a \end{pmatrix}$$

換言之，複數 $a + bi$ 可表達成下述矩陣：

$$\begin{pmatrix} a & -b \\ b & a \end{pmatrix}$$

……然後！

然後！我注意到，這個以**矩陣表達**的武器可以套用到「四維數」上。

- 複數 $a + bi$ 可表達成「實數組合」的 (a, b)。另外，$a + bi$ 也可表達成「具有實數元素的矩陣」：

$$\begin{pmatrix} a & -b \\ b & a \end{pmatrix}$$

這樣的話……

- 因為「四維數」可表達成「複數組合」的 (α, β)，就也可以表達成像這樣「具有複數元素的矩陣」：

$$\begin{pmatrix} \alpha & -\beta \\ \beta & \alpha \end{pmatrix}$$

然後，只要套用矩陣的運算，肯定就能夠順利計算「四維數」！

我討論的「四維數」會是，對於複數 α、β，滿足下述形式的矩陣：

$$\begin{pmatrix} \alpha & -\beta \\ \beta & \alpha \end{pmatrix}$$

想法③

對於複數 α、β，「具有複數元素的矩陣」難道不就是「四維數」嗎？

$$\begin{pmatrix} \alpha & -\beta \\ \beta & \alpha \end{pmatrix}$$

蒂蒂的發表結束了。
米爾迦和我──安靜無聲。

蒂蒂:「……那、那個?學長學姐?」

米爾迦拍起手來。
當然,我也給予了掌聲。

蒂蒂:「誒!咦?」

米爾迦:「太棒了。」

我:「真有趣!蒂蒂好厲害!」

蒂蒂:「啊!謝、謝謝誇獎!我一開始也沒有想到『四維數』
可以這樣作出來,雖然能夠如同複數運算的『三維數』不
存在,但『四維數』是存在的!」

我:「那個,蒂蒂……」

蒂蒂:「誒?」

我:「米爾迦剛才有跟我講四元數的事情,四元數的乘法交換
律不成立。蒂蒂的『四維數』肯定也是如此。妳瞧,矩陣
的乘法交換律也不成立嘛。」

蒂蒂:「乘、乘法交換律不成立……是指?」

我:「在蒂蒂的『四維數』中,舉出乘法不能交換的例子就能
夠明白了,妳肯定能夠馬上找到才對。」

米爾迦:「不,這樣說不對。」

我：「咦？」

米爾迦：「在蒂蒂的『四維數』中，乘法的交換律成立。只需要普通計算一下就知道了。」

$$\begin{pmatrix} \alpha & -\beta \\ \beta & \alpha \end{pmatrix}\begin{pmatrix} \gamma & -\delta \\ \delta & \gamma \end{pmatrix} = \begin{pmatrix} \alpha\gamma - \beta\delta & -(\alpha\delta + \beta\gamma) \\ \alpha\delta + \beta\gamma & \alpha\gamma - \beta\delta \end{pmatrix}$$

$$\begin{pmatrix} \gamma & -\delta \\ \delta & \gamma \end{pmatrix}\begin{pmatrix} \alpha & -\beta \\ \beta & \alpha \end{pmatrix} = \begin{pmatrix} \alpha\gamma - \beta\delta & -(\alpha\delta + \beta\gamma) \\ \alpha\delta + \beta\gamma & \alpha\gamma - \beta\delta \end{pmatrix}$$

我：「真的耶。因為不是一般的矩陣，而是決定形式的關係，所以在該範圍內的交換律成立！等等，這樣的話不就是比四元數更厲害的發現！？畢竟這連在四元數中不成立的乘法交換律都可以成立嘛！蒂蒂該不會真的完成了大發現？」

蒂蒂：「誒？咦？」

米爾迦：「不，這麼說也不對，很可惜不是大發現。矩陣的乘法交換律未必成立——你這麼說過嘛。除此之外，還有一個在矩陣應該注意的重點吧？」

我：「還有一個在矩陣應該注意的重點？」

米爾迦：「矩陣具有零因子。」

我：「對喔，蒂蒂的『四維數』存在零因子嗎？」

蒂蒂：「我已經跟不上了……」

我：「蒂蒂，妳是將『四維數』定義為 $\begin{pmatrix} \alpha & -\beta \\ \beta & \alpha \end{pmatrix}$ 形式的矩陣嘛。雖然借用矩陣的力量，能夠順利做加減乘法，但『除法』

未必能夠順利進行。在蒂蒂的『四維數』中，可能會出現『明明不是零卻無法做除法』的情況。」

蒂蒂：「啊……是這麼一回事啊。也就是說，明明是 $\begin{pmatrix} 0 & 0 \\ 0 & 0 \end{pmatrix}$ 以外的矩陣，卻沒辦法做除法？」

我：「是的，所以四維數不是能夠加減乘除的數。」

蒂蒂：「有、有具體的例子嗎？我想要實際確認無法做除法的情況！」

我：「嗯，這次馬上就能夠舉例。我想想…… $\begin{pmatrix} 1 & -i \\ i & 1 \end{pmatrix}$ 好像行得通。這個矩陣的行列式為 0，所以反矩陣不存在。換言之，沒辦法以 $\begin{pmatrix} 1 & -i \\ i & 1 \end{pmatrix}$ 做除法。」

$$\begin{vmatrix} 1 & -i \\ i & 1 \end{vmatrix} = 1 \cdot 1 - (-i)i = 0$$

蒂蒂：「啊……」

我：「有時兩矩陣都不是零矩陣，但相乘的結果卻會變成零矩陣。」

明明不是零矩陣，相乘卻變成零矩陣的例子（零因子）

$$\begin{pmatrix} 1 & -i \\ i & 1 \end{pmatrix}\begin{pmatrix} 1 & i \\ -i & 1 \end{pmatrix} = \begin{pmatrix} 1+(-1) & i-i \\ i-i & -1+1 \end{pmatrix} = \begin{pmatrix} 0 & 0 \\ 0 & 0 \end{pmatrix}$$

$\begin{pmatrix} 1 & -i \\ i & 1 \end{pmatrix}$ 和 $\begin{pmatrix} 1 & i \\ -i & 1 \end{pmatrix}$ 皆為零因子。

蒂蒂：「啊⋯⋯這樣的話，將複數 $a + bi$ 表達成『元素為實數的矩陣』的時候，

$$\begin{pmatrix} a & -b \\ b & a \end{pmatrix}$$

也存在零因子嗎？從這裡開始就已經錯了嗎？」

我：「不，不是這樣。元素為實數的矩陣——也就是實數矩陣的話，除了 $a = b = 0$ 的時候，會是

$$\begin{vmatrix} a & -b \\ b & a \end{vmatrix} = a^2 + b^2 \neq 0$$

因為實數平方後不會是負數。行列式 $\neq 0$ 的代表存在反矩陣，便不會成為零因子。」

蒂蒂：「⋯⋯」

我：「但是，元素為複數的矩陣——也就是複數矩陣的話，除了 $\alpha = \beta = 0$ 的時候，也有可能是

$$\begin{vmatrix} \alpha & -\beta \\ \beta & \alpha \end{vmatrix} = \alpha^2 + \beta^2 = 0$$

因為複數平方後可能是負數。使用矩陣作成『四維數』，蒂蒂的這個想法非常棒。但是，由於實數矩陣和複數矩陣的不同，可能會產生零因子。」

蒂蒂：「若存在零因子，會遇到明明不是除以零卻無法做除法的狀況——我的想法失敗了。」

蒂蒂突然一臉失落。

此時，米爾迦打了個響指。

米爾迦：「不，妳沒有失敗。數學的學問很寬廣，代數的構成
存在無限的可能。我們可以自由定義、自由探討。」

蒂蒂：「即便如此，不能做除法還是讓我好難過，就這樣在『複
數的擴張』中碰到了阻礙。」

米爾迦：「只是看起來像碰到阻礙而已，讓我們跨越過去，前
往新的道路吧。」

我：「誒？」

蒂蒂：「蛤？」

米爾迦：「從蒂蒂想到的好點子中，前往新的道路。放棄乘法
的交換律，改成排除零因子取回除法運算。這樣一來，我
們就能夠建立四元數。

我：「事情會這麼順利嗎……」

米爾迦：「從你舉出的零因子例子開始吧。你是怎麼找到這個
零因子的？

$$\begin{pmatrix} 1 & -i \\ i & 1 \end{pmatrix}$$

」

我：「就像我在前面說的，零因子要找行列式為 0 的矩陣。換
言之，$\begin{pmatrix} \alpha & -\beta \\ \beta & \alpha \end{pmatrix}$ 的行列式為 0，尋找滿足下式的複數：

$$\begin{vmatrix} \alpha & -\beta \\ \beta & \alpha \end{vmatrix} = \alpha^2 + \beta^2 = 0$$

　　　　結果找到 $\alpha = 1$ 和 $\beta = i$⋯⋯」

米爾迦：「哼嗯，從這裡繼續說下去吧。仔細關注行列式。」

5.11　米爾迦的想法

　　仔細關注行列式。

　　目標是從蒂蒂表達「四維數」的矩陣中排除零因子。為此，我們來改變作成複數矩陣的方法吧。蒂蒂是將複數的組合 (α, β) 對應下面的複數矩陣：

$$\begin{pmatrix} \alpha & -\beta \\ \beta & \alpha \end{pmatrix}$$

　　這個矩陣的行列式為

$$\begin{vmatrix} \alpha & -\beta \\ \beta & \alpha \end{vmatrix} = \alpha^2 + \beta^2$$

　　跟你說的一樣，由於 α、β 為複數，除了 $\alpha = \beta = 0$ 的時候，也有可能是 $\alpha^2 + \beta^2 = 0$。

　　那麼，該怎麼處理 $\alpha^2 + \beta^2$ 呢？

◎　◎　◎

米爾迦：「那麼，該怎麼處理 $\alpha^2 + \beta^2$ 呢？」

我：「該怎麼處理⋯⋯我沒有頭緒。」

蒂蒂：「我、我也不知道⋯⋯」

米爾迦：「仔細觀察式子的形式，『沒有近似的東西嗎？』」

蒂蒂：「跟 $\alpha^2 + \beta^2$ 相似的東西……」

米爾迦：「$\alpha^2 + \beta^2$ 和 $|\alpha|^2 + |\beta|^2$ 非常相似。」

我：「但是，$\alpha^2 + \beta^2 = |\alpha|^2 + |\beta|^2$ 未必正確。」

米爾迦：「接著，利用**複共軛關係**。」

蒂蒂：「複共軛關係……『水面上的星辰倒影』？」

我：「該不會是將 $\alpha\alpha + \beta\beta$ 替換成 $\alpha\overline{\alpha} + \beta\overline{\beta}$？」

米爾迦：「是的。」

蒂蒂：「咦……？」

米爾迦：「若不是『與自己本身的乘積』而是用『與共軛複數的乘積』，就不會產生零因子。嘗試看看吧，首先──」

◎　◎　◎

首先，將複數的組合 (α, β) 對應下面的複數矩陣。

$$\begin{pmatrix} \alpha & -\beta \\ \overline{\beta} & \overline{\alpha} \end{pmatrix}$$

計算這個矩陣的行列式：

$$\begin{vmatrix} \alpha & -\beta \\ \overline{\beta} & \overline{\alpha} \end{vmatrix} = \alpha\overline{\alpha} + \beta\overline{\beta} = |\alpha|^2 + |\beta|^2 \geq 0$$

不等式的等號成立於，$|\alpha|$ 和 $|\beta|$ 皆為 0 的時候，也就是僅限於 $\alpha = 0$ 且 $\beta = 0$ 的時候。這樣一來，就可以說複數矩陣 $\begin{pmatrix} \alpha & -\beta \\ \overline{\beta} & \overline{\alpha} \end{pmatrix}$ 不會是零因子。

◎　　◎　　◎

米爾迦：「就可以說複數矩陣 $\begin{pmatrix} \alpha & -\beta \\ \overline{\beta} & \overline{\alpha} \end{pmatrix}$ 不會是零因子。」

我：「原來如此……等一下，這種形式的矩陣對乘法封閉嗎？」

米爾迦：「實際計算後，馬上就可以確認。」

的確是如此。計算一下就能夠確認。

以複數 α_1、β_1、α_2、β_2 作成的複數矩陣，其乘積

$$\begin{pmatrix} \alpha_1 & -\beta_1 \\ \overline{\beta_1} & \overline{\alpha_1} \end{pmatrix} \begin{pmatrix} \alpha_2 & -\beta_2 \\ \overline{\beta_2} & \overline{\alpha_2} \end{pmatrix}$$

可表達成這樣的形式：

$$\begin{pmatrix} \alpha & -\beta \\ \overline{\beta} & \overline{\alpha} \end{pmatrix}$$

我馬上進行計算[*]來確認。

米爾迦：「成功排除了零因子，但乘法的交換律依舊不成立。」

我：「能夠做加法、減法、乘法、零矩陣以外的除法，但乘法的交換律不成立！」

蒂蒂：「啊……」

米爾迦：「接著，將複數矩陣 $\begin{pmatrix} \alpha & -\beta \\ \overline{\beta} & \overline{\alpha} \end{pmatrix}$ 對應四元數 $a + bi + cj + dk$。為此，假設元素 $\alpha = a + bi$、$\beta = c + di$，則 $\overline{\alpha} =$

---

[*]參見問題 5-2（p. 259）。

$a - bi$、$\overline{\beta} = c - di$ ———」

$$\begin{pmatrix} \alpha & -\beta \\ \overline{\beta} & \overline{\alpha} \end{pmatrix} = \begin{pmatrix} a+bi & -(c+di) \\ c-di & a-bi \end{pmatrix}$$

$$= \begin{pmatrix} a+bi & -c-di \\ c-di & a-bi \end{pmatrix}$$

$$= a\underbrace{\begin{pmatrix} 1 & 0 \\ 0 & 1 \end{pmatrix}}_{\text{假設為 }E} + b\underbrace{\begin{pmatrix} i & 0 \\ 0 & -i \end{pmatrix}}_{\text{假設為 }I} + c\underbrace{\begin{pmatrix} 0 & -1 \\ 1 & 0 \end{pmatrix}}_{\text{假設為 }J} + d\underbrace{\begin{pmatrix} 0 & -i \\ -i & 0 \end{pmatrix}}_{\text{假設為 }K}$$

$$= aE + bI + cJ + dK$$

我：「這樣假設複數矩陣 E、I、J、K 後，就能夠漂亮對應了！」

$$E = \begin{pmatrix} 1 & 0 \\ 0 & 1 \end{pmatrix} \quad I = \begin{pmatrix} i & 0 \\ 0 & -i \end{pmatrix} \quad J = \begin{pmatrix} 0 & -1 \\ 1 & 0 \end{pmatrix} \quad K = \begin{pmatrix} 0 & -i \\ -i & 0 \end{pmatrix}$$

$$\begin{array}{ccccccc} aE & + & bI & + & cJ & + & dK \\ \updownarrow & & \updownarrow & & \updownarrow & & \updownarrow \\ a & + & bi & + & cj & + & dk \end{array}$$

蒂蒂：「那個……」

米爾迦：「複數矩陣 $\begin{pmatrix} \alpha & -\beta \\ \overline{\beta} & \overline{\alpha} \end{pmatrix}$ 就會是哈密頓的四元數。」

我：「這樣啊。」

米爾迦：「只需要推導複數矩陣 I、J、K，同樣符合『在四元數 $a + bi + cj + dk$ 中，i、j、k 滿足的式子』就能夠證明。這樣一來，$a + bi + cj + dk$ 和 $aE + bI + cJ + dK$ 的對應，就不單單是外觀相似而已了。」

蒂蒂：「那、那個，我沒有學過四元數……」

我：「嗯，剛才蒂蒂在計算的時候，我們聊了四元數。四元數是可表達成 $a + bi + cj + dk$ 的數，除了乘法的交換律不成立外，其餘都跟複數的運算一樣。其中，i、j、k 被定義為滿足下述的數學式。」

在 $a + bi + cj + dk$ 中，i、j、k 滿足的式子

$$i^2 = -1 \qquad j^2 = -1 \qquad k^2 = -1$$
$$ij = k \qquad jk = i \qquad ki = j$$

蒂蒂：「誒……」

米爾迦：「四元數可表達成

$$a + bi + cj + dk$$

跟剛才作出的複數矩陣具有相似的外觀。

$$aE + bI + cJ + dK$$

剩下只要確認 I、J、K 滿足相同的式子就行了，蒂蒂。」

蒂蒂：「外觀是很像……但這代表什麼意思呢？」

我：「若是複數矩陣 I、J、K 滿足跟 i、j、k 一樣的式子，則 $a + bi + cj + dk$ 和 $aE + bI + cJ + dK$ 可視為等價。換言之，只需要證明這樣的情況成立就行了。」

在 $aE + bI + cJ + dK$ 中，E、I、J、K 滿足的式子

$$I^2 = -E \qquad J^2 = -E \qquad K^2 = -E$$

$$IJ = K \qquad JK = I \qquad KI = J$$

米爾迦：「證明完後，就可以說四元數是由複數矩陣構成。」

蒂蒂：「確認 $I^2 = -E$ 成立……的意思嗎？」

米爾迦：「沒錯，只要計算一下就行了。」

$$I^2 = \begin{pmatrix} i & 0 \\ 0 & -i \end{pmatrix}\begin{pmatrix} i & 0 \\ 0 & -i \end{pmatrix} \quad = \begin{pmatrix} -1 & 0 \\ 0 & -1 \end{pmatrix} = -E$$

$$J^2 = \begin{pmatrix} 0 & -1 \\ 1 & 0 \end{pmatrix}\begin{pmatrix} 0 & -1 \\ 1 & 0 \end{pmatrix} \quad = \begin{pmatrix} -1 & 0 \\ 0 & -1 \end{pmatrix} = -E$$

$$K^2 = \begin{pmatrix} 0 & -i \\ -i & 0 \end{pmatrix}\begin{pmatrix} 0 & -i \\ -i & 0 \end{pmatrix} = \begin{pmatrix} -1 & 0 \\ 0 & -1 \end{pmatrix} = -E$$

$$IJ = \begin{pmatrix} i & 0 \\ 0 & -i \end{pmatrix}\begin{pmatrix} 0 & -1 \\ 1 & 0 \end{pmatrix} \quad = \begin{pmatrix} 0 & -i \\ -i & 0 \end{pmatrix} = \ K$$

$$JK = \begin{pmatrix} 0 & -1 \\ 1 & 0 \end{pmatrix}\begin{pmatrix} 0 & -i \\ -i & 0 \end{pmatrix} \quad = \begin{pmatrix} i & 0 \\ 0 & -i \end{pmatrix} \quad = \ I$$

$$KI = \begin{pmatrix} 0 & -i \\ -i & 0 \end{pmatrix}\begin{pmatrix} i & 0 \\ 0 & -i \end{pmatrix} \quad = \begin{pmatrix} 0 & -1 \\ 1 & 0 \end{pmatrix} \quad = \ J$$

我：「的確，式子成立！」

米爾迦：「像這樣表達後，就能明白擴張的情形：

$$實數 \rightarrow 複數 \rightarrow 四元數」$$

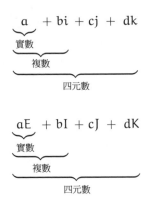

我：「反過來說，在四元數中，滿足 $c = d = 0$ 的稱為複數；滿足 $b = c = d = 0$ 的稱為實數！」

蒂蒂：「實數、複數、四元數……該不會也能夠擴張到八元數？」

我：「喔！再進一步擴張嗎？」

我們忘我地繼續討論著。
計算、證明、各自發表、互相鼓勵。

我——注意到了，
「沉默」與「時間」是思考時不可或缺的兩個要素。
除此之外，還有一個不可或缺的要素就是「同伴」。
想要擴展思考，同伴是不可欠缺的。

「然後，踏出那一步的，是你自己本身。」

附錄：擴張複數的「三維數」為複數的證明

在第 5 章中，由梨和「我」議論了無法建立擴張複數的「三維數」（從 p. 205 到 p. 221）。下面就來介紹，由其他觀點切入——使用代數基本定理——的證明[*]。

代數基本定理

假設 n 為正整數。

已知複數 C_0、C_1、……、C_{n-1}、C_n 且 $C_n \neq 0$。

此時，關於 z 的複數係數 n 次方程式具有複數的根。

$$C_n z^n + C_{n-1} z^{n-1} + \cdots + C_1 z + C_0 = 0$$

換言之，存在滿足下式的複數 α。

$$C_n \alpha^n + C_{n-1} \alpha^{n-1} + \cdots + C_1 \alpha + C_0 = 0$$

---

[*]此證明參考了志賀浩二的《複素数 30 講》（參考文獻[9]）。

準備

　　假設 a、b、c 為實數；i 為虛數單位，決定一個特別的數 j。現在，將表達成下式的所有數集合中，

$$a + bi + cj$$

定義加法和乘法的集合為

$$\mathbb{T}$$

並假設可做跟複數一樣的運算，也就是 $\mathbb{T}$ 對四則運算封閉、不存在零因子，加法的交換律與結合律、乘法的交換律與結合律，以及分配律成立。

欲證命題

對於 $\mathbb{T}$ 的任意元素 t，存在滿足下式的實數 p、q：

$$t = p + qi$$

亦即，證明 t 為複數。

　　$\mathbb{T}$ 對四則運算封閉是指，對於 $\mathbb{T}$ 的元素 s、t，$s + t$、$s - t$、st 與 $t \neq 0$ 時的 s/t 仍舊是 $\mathbb{T}$ 的元素。

證明

假設 t 為 $\mathbb{T}$ 的元素，存在滿足下式的實數 a_1、b_1、c_1：

$$t = a_1 + b_1 i + c_1 j$$

下面來證明 t 為複數。

$\underline{c_1 = 0 \text{ 的時候}}$，由 $t = a_1 + b_1 i$ 可知 t 為複數。

$\underline{c_1 \neq 0 \text{ 的時候}}$，$t = a_1 + b_1 i + c_1 j$ 兩邊除以 c_1，求 j 的解：

$$j = \frac{1}{c_1} t - \frac{a_1}{c_1} - \frac{b_1}{c_1} i$$

換言之，j 可用 t 和 i 來表達。然後，因為 t 是 $\mathbb{T}$ 的元素、$\mathbb{T}$ 對四則運算封閉，所以 t^2 也是 $\mathbb{T}$ 的元素。因此，滿足下式的實數 a_2、b_2、c_2 存在。

$$t^2 = a_2 + b_2 i + c_2 j$$

由於 j 可用 t 和 i 表達，所以 t^2 也可用 t 和 i 表達。

$$
\begin{aligned}
t^2 &= a_2 + b_2 i + c_2 j \\
&= a_2 + b_2 i + c_2 \left(\frac{1}{c_1} t - \frac{a_1}{c_1} - \frac{b_1}{c_1} i \right) \\
&= a_2 - \frac{a_1 c_2}{c_1} - \frac{b_1 c_2}{c_1} i + b_2 i + \frac{c_2}{c_1} t
\end{aligned}
$$

對 t 整理得到

$$t^2 - \frac{c_2}{c_1}t - a_2 + \frac{a_1 c_2}{c_1} + \left(\frac{b_1 c_2}{c_1} - b_2\right)i = 0$$

令這裡的複數 C_0、C_1 為

$$\begin{cases} C_0 = -a_2 + \dfrac{a_1 c_2}{c_1} + \left(\dfrac{b_1 c_2}{c_1} - b_2\right)i \\ C_1 = -\dfrac{c_2}{c_1} \end{cases}$$

則

$$t^2 + C_1 t + C_0 = 0 \qquad \cdots\cdots\cdots\cdots\cdots ①$$

換言之，t 就是關於 z 的複數係數二次方程式的根：

$$z^2 + C_1 z + C_0 = 0$$

根據代數基本定理，複數係數的二次方程式 $z^2 + C_1 z + C_0 = 0$ 具有兩個複數的根。令該複數根為 α，則下式成立：

$$\alpha^2 + C_1 \alpha + C_0 = 0 \qquad \cdots\cdots\cdots\cdots\cdots ②$$

計算①－②得到

$$(t^2 - \alpha^2) + C_1(t - \alpha) + (C_0 - C_0) = 0$$

整理後，因式分解得到

$$(t - \alpha)(t + \alpha + C_1) = 0$$

由於假設 $\mathbb{T}$ 不存在零因子，所以下式成立：

$$t = \underbrace{\alpha}_{\text{複數}} \quad \text{或者} \quad t = \underbrace{-\alpha - C_1}_{\text{複數}}$$

因此，t 為複數。

（證明完畢）

第 5 章的問題

●問題 5-1（i、j、k 的計算）

在正文中，米爾迦提到：「也可以說 $kj = -i$、$ik = -j$。」（p.229）試證 i、j、k 真的滿足數學式。

（解答在 p.306）

●問題 5-2（表達四元數的複數矩陣乘積）

試著將「我」在正文（p. 248）中提到的下述計算，複數 α_1、β_1、α_2、β_2 作成的複數矩陣乘積

$$\begin{pmatrix} \alpha_1 & -\beta_1 \\ \overline{\beta_1} & \overline{\alpha_1} \end{pmatrix} \begin{pmatrix} \alpha_2 & -\beta_2 \\ \overline{\beta_2} & \overline{\alpha_2} \end{pmatrix}$$

推導成

$$\begin{pmatrix} \alpha & -\beta \\ \overline{\beta} & \overline{\alpha} \end{pmatrix}$$

此時，兩複數 α、β 請用複數 α_1、β_1、α_2、β_2 及其共軛複數 $\overline{\alpha_1}$、$\overline{\beta_1}$、$\overline{\alpha_2}$、$\overline{\beta_2}$ 來表達。

（解答在 p. 308）

●問題 5-3（四元數的共軛與絕對值）

已知 a、b、c 為實數，對於四元數 $q = a + bi + cj + dk$，四元數 q 的**共軛** $\overline{q}$ 定義為

$$\overline{q} = \overline{a + bi + cj + dk} = a - bi - cj - dk$$

另外，四元數 q 的**絕對值** $|q|$ 定義為

$$|q| = |a + bi + cj + dk| = \sqrt{a^2 + b^2 + c^2 + d^2}$$

請證明對於四元數 q，下式成立：

$$q\overline{q} = |q|^2$$

（解答在 p. 309）

終章

某天、某時，在數學資料室中。

少女：「老師，這是什麼？」

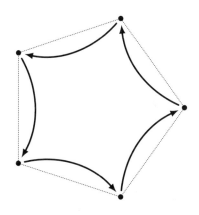

老師：「妳覺得是什麼？」

少女：「在傾斜的正五角形頂點上不斷移動的點？」

老師：「對，這是滿足下式

$$\alpha = \cos \frac{2\pi}{5} + i \sin \frac{2\pi}{5}$$

的 α^0、α^1、α^2、α^3、α^4。$\alpha^0 = 1$ 每乘上一次 α，就會移動到下一個頂點。」

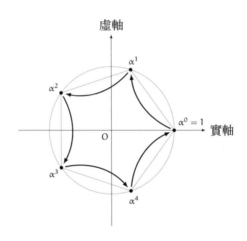

$\alpha^0 = 1$

$\alpha^1 = \alpha$

$\alpha^2 = \alpha\alpha$

$\alpha^3 = \alpha\alpha\alpha$

$\alpha^4 = \alpha\alpha\alpha\alpha$

$\alpha^5 = \alpha\alpha\alpha\alpha\alpha = 1 = \alpha^0$

少女：「乘上五個 α 後，就會回到 1。」

老師：「沒錯，因為 $\alpha^5 = 1$。」

少女：「若是乘上 α^2，就會變成跳過一個頂點。」

老師：「對，移動會變成 $\alpha^0 \to \alpha^2 \to \alpha^4 \to \alpha^6$，因為 $\alpha^5 = 1$ 所以 $\alpha^6 = \alpha^1$，順序就變成 $\alpha^1 \to \alpha^3 \to \alpha^5$ 再回到 $\alpha^5 = 1 = \alpha^0$。」

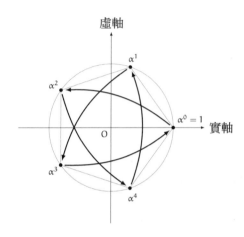

少女：「若是乘上 α^3，就會變成跳過兩個頂點。」

老師：「跳過兩個頂點，也可以看成反方向跳過一個頂點。」

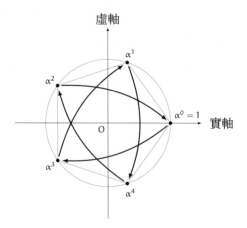

少女：「乘上 α^4 也是反方向移動。」

老師：「因為 α^4 等於 α 的倒數 $1/\alpha = \alpha^{-1}$。」

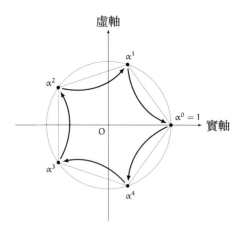

少女：「$\alpha^4 = \alpha^{-1}$ 嗎？」

老師：「$\alpha^5 = 1$ 的兩邊除以 α，就會是 $\alpha^4 = \alpha^{-1}$。」

少女：「真的耶！」

老師：「若是正五角形，α^1、α^2、α^3、α^4 分別 n 次方後，會經過所有的頂點。不過，正六角形就不是這麼回事了。這可由將複數 β 定義為下式來確認。

$$\beta = \cos\frac{2\pi}{6} + i\sin\frac{2\pi}{6} \quad 」$$

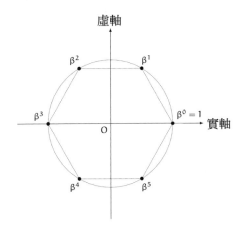

少女：「β 的 n 次方能夠經過所有頂點哦。」

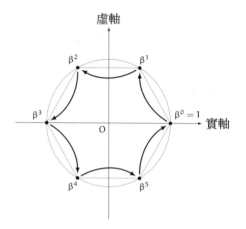

老師：「但是，β^2 的 n 次方不會移動到 β_1、β_3、β_5。」

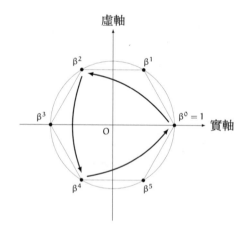

少女：「真的耶，β^3 也會馬上就變回來！」

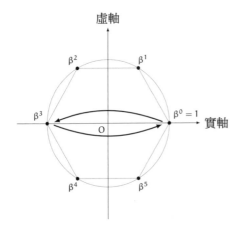

老師：「方向跟 β^2 相反的 β^4，也不會移動到 β_1、β_3、β_5。」

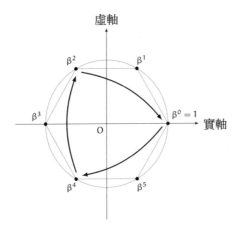

少女：「如果是 β^5，就會經過所有頂點。」

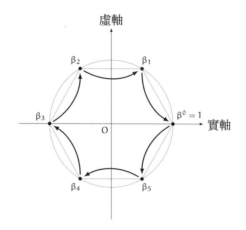

老師：「因此，n 次方後會經過所有頂點的，在正六角形中僅有 β^1、β^5。」

少女：「在正六角形中僅有 β^1、β^5……」

老師：「假設 $z = \alpha^0, \alpha^1, \cdots, \alpha^4$ 的時候，z^0、z^1、z^2、……、z^5 會如何呢？試著整理成下面的表格吧。」

	z^0	z^1	z^2	z^3	z^4	z^5
α^0	α^0	α^0	α^0	α^0	α^0	α^0
α^1	α^0	α^1	α^2	α^3	α^4	α^0
α^2	α^0	α^2	α^4	α^1	α^3	α^0
α^3	α^0	α^3	α^1	α^4	α^2	α^0
α^4	α^0	α^4	α^3	α^2	α^1	α^0

少女：「……」

老師：「關於 β 也整理同樣的表格吧。」

	z^0	z^1	z^2	z^3	z^4	z^5	z^6
β^0	β^0	β^0	β^0	β^0	β^0	β^0	β^0
β^1	β^0	β^1	β^2	β^3	β^4	β^5	β^0
β^2	β^0	β^2	β^4	β^0	β^2	β^4	β^0
β^3	β^0	β^3	β^0	β^3	β^0	β^3	β^0
β^4	β^0	β^4	β^2	β^0	β^4	β^2	β^0
β^5	β^0	β^5	β^4	β^3	β^2	β^1	β^0

少女：「指數的部分好像有意義……」

老師：「假設複數 γ 為

$$\gamma = \cos\frac{2\pi}{12} + i\sin\frac{2\pi}{12}$$

嘗試正十二角形會如何呢？」

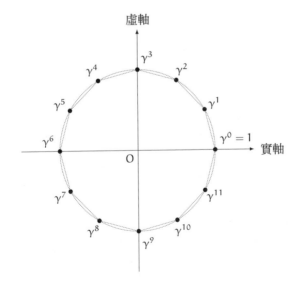

少女：「我試試看！……這好像時鐘哦！」

　　少女這麼說後，便趕緊開始動手計算。
　　自己動手計算，就是她踏出的第一步。

【解答】

A N S W E R S

第 1 章的解答

●問題 1-1（實數的性質）

請從①～⑧當中，選出所有正確的敘述。

　①對於任意實數 a，
　　$a > 0$ 或者 $a < 0$ 成立。

　②對於任意實數 a，$a^2 > 0$ 成立。

　③滿足 $x^2 = x$ 的實數 x 僅有 0。

　④實數 a 和 b 皆大於 0 時，
　　$a + b > 0$ 成立。

　⑤實數 a 和 b 皆小於 0 時，
　　$a + b < 0$ 成立。

　⑥實數 a 大於 0、實數 b 小於 0 時，
　　$a - b > 0$ 成立。

　⑦實數 a 和 b 的乘積 ab 小於 0 時，
　　a 和 b 的正負號相反。

　⑧實數 a 和 b 的乘積 ab 等於 0 時，
　　a 和 b 至少其中一個為 0。

■解答 1-1

　①錯誤。$a = 0$ 的時候，$a > 0$、$a < 0$ 皆不成立，「對於任意實數 a，$a > 0$、$a < 0$ 或者 $a = 0$」才正確。

②錯誤。若 $a = 0$ 則 $a^2 = 0$，$a^2 > 0$ 不成立，「對於任意實數 a，$a \geqq 0$ 成立」才正確。

③錯誤。滿足 $x^2 = x$ 的實數有 0 或者 1。

④正確。

⑤正確。

⑥正確。若 $b < 0$ 則 $-b > 0$，
所以 $a - b = a + (-b) > 0$。

⑦正確。$ab < 0$ 代表「$a > 0$ 且 $b < 0$」或者「$a < 0$ 且 $b > 0$」其中之一，所以 a 和 b 的正負號相反。

⑧正確。若 $ab = 0$ 則 $a = 0$ 或者 $b = 0$，可說 a 和 b 至少其中一個為 0。

答：④、⑤、⑥、⑦、⑧

●**問題 1-2**（數線與實數）

請在數線上畫出下述七個實數的點。

$$0, \quad 4.5, \quad -4.5, \quad \sqrt{2}, \quad -\sqrt{2}, \quad \pi, \quad -\pi$$

```
─────────────────────────────────────
 -5  -4  -3  -2  -1   0   1   2   3   4   5
```

若無法清楚標示，則可以畫出大概的位置。

其中，已知

$$\sqrt{2} = 1.41421356\cdots \qquad \text{平方後等於 2 的正數}$$

$$\pi = 3.14159265\cdots \qquad \text{圓周率}$$

■**解答 1-2**

答案如下：

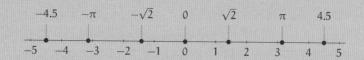

補充

在數線上尋找各點的位置時，需要注意下述幾個地方：

- -4.5 落在 -5 和 -4 的正中央
- 4.5 落在 4 和 5 的正中央

- $-\pi = -3.14159265\cdots$ 落在 -3 的左邊
- $\pi = 3.14159265\cdots$ 落在 3 的右邊
- $-\sqrt{2} = -1.41421356\cdots$ 落在 -2 和 -1 的中央偏右
- $\sqrt{2} = 1.41421356\cdots$ 落在 1 和 2 的中央偏左
- -4.5、4.5 與 0 的距離相同
- $-\pi$、π 與 0 的距離相同
- $-\sqrt{2}$、$\sqrt{2}$ 與 0 的距離相同

●問題 1-3（實數的乘法）

根據實數 a、b 的正負，將乘積 ab 的正負號整理成表格。
請在空白欄位填寫

$$ab < 0, \quad ab = 0, \quad ab > 0$$

乘積ab	$b < 0$	$b = 0$	$b > 0$
$a > 0$			
$a = 0$			
$a < 0$			

■解答 1-3

答案如下：

乘積ab	b < 0	b = 0	b > 0
a > 0	ab < 0	ab = 0	ab > 0
a = 0	ab = 0	ab = 0	ab = 0
a < 0	ab > 0	ab = 0	ab < 0

●問題 1-4（數線與實數）

已知數線上存在 A、B、C、D、E、F 等六個實數，請選出所有滿足甲～己條件的點。

甲平方後數值變大的實數

乙平方後數值大於 4 的實數

丙平方後數值小於 1 的實數

丁乘上 2 後數值變大的實數

戊乘上 -1 後數值不變的實數

己平方後數值大於 0 的實數

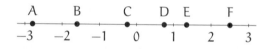

■解答 1-4

甲 A、B、C、E、F。平方後數值變大的實數，會是小於 0 或者大於 1 的實數。

㋬ A、F。平方後數值大於 $4 = 2^2$ 的實數，會是小於 -2 或者大於 2 的實數。

㋭ C、D。平方後數值小於 1 的實數，會是大於 -1、小於 1 的實數。

㋜ D、E、F。乘上 2 後數值變大的實數，會是大於 0 的實數。

㋍ 沒有。乘上 -1 後數值不變的實數只有 0。

㋎ A、B、C、D、E、F。除了 0 以外的實數，平方後數值都會大於 0。

第 2 章的解答

●問題 2-1（複數的運算）

試著計算①～⑤。

① $1 + 2$

② $i + 2i$

③ $(1 + 2i) + (3 - 4i)$

④ $2(1 + 2i)$

⑤ $\frac{1}{2}(2 + 2i)$

■解答 2-1

① $1 + 2 = 3$

② $i + 2i = 3i$

③ $(1 + 2i) + (3 - 4i) = (1 + 3) + (2 - 4)i = 4 - 2i$

④ $2(1 + 2i) = 2 \times 1 + 2 \times 2i = 2 + 4i$

⑤ $\frac{1}{2}(2 + 2i) = \frac{1}{2} \times 2 + \frac{1}{2} \times 2i = 1 + i$

補充

$\frac{1}{2}(2 + 2i)$ 可說是複數平面上「原點和 $2 + 2i$ 的連線中點」，也可說是「2 和 $2i$ 的連線中點」。

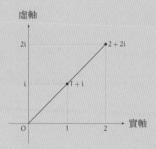

原點和 $2 + 2i$ 的連線中點

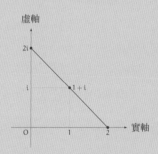

2 和 $2i$ 的連線中點

●問題 2-2（複數的性質）

請從①～④當中，選出所有正確的敘述。

①對於任意複數 z，$z = 0$ 或者 $z \neq 0$ 成立。

②對於任意複數 z，$z - z = 0$ 成立。

③對於任意複數 z，$|z| > 0$ 成立。

④對於任意複數 z，$0z = 0$ 成立。

■解答 2-2

①正確。假設 $z = a + bi$，則

- $a = 0$ 和 $b = 0$ 兩者成立時，$z = 0$ 成立。

- $a \neq 0$ 和 $b \neq 0$ 其中之一（或者兩者）成立時，$z \neq 0$ 成立。

②正確。假設 $z = a + bi$ 的時候，由如下的計算可知 $z - z = 0$ 成立。

$$
\begin{aligned}
z - z &= z + (-z) \\
&= (a + bi) + (-(a + bi)) \\
&= (a + bi) + (-a - bi) \\
&= a + bi - a - bi \\
&= (a - a) + (b - b)i \\
&= 0 + 0i \\
&= 0
\end{aligned}
$$

③錯誤。$z = 0$ 的時候，因為 $|z| = 0$ 所以 $|z| > 0$ 不成立，「對於任意複數 z，$|z| \geqq 0$ 成立」才正確。

④正確。假設 $z = a + bi$ 的時候，由 $0z = 0(a + bi) = 0a + (0b)i = 0 + 0i = 0$，可知 $0z = 0$ 成立。

答：①、②、④

補充

　　假設 z 為複數的時候，z 和 0 未必能夠比較大小，而 $|z|$ 和 0 一定能夠比較大小，因為複數 z 的絕對值 $|z|$ 是實數。

●問題 2-3（複數平面與複數）

如圖所示，複數平面上有九個表示複數的點 A、B、C、D、E、F、G、H、O。請按照絕對值等於、大於或者小於 $\sqrt{2}$，將這些複數分成三類。

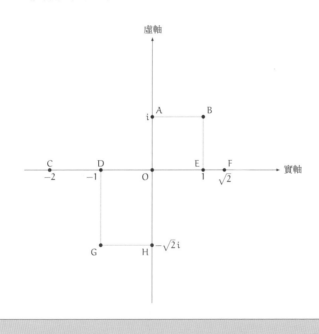

■解答 2-3

複數 $a + bi$ 的絕對值可由 $\sqrt{a^2 + b^2}$ 求得，根據該值判斷等於、大於或者小於 $\sqrt{2}$。

$$|A| = |0 + i| = \sqrt{0^2 + 1^2} = 1 < \sqrt{2}$$

$$|B| = |1 + i| = \sqrt{1^2 + 1^2} = \sqrt{2}$$

$$|C| = |-2 + 0i| = \sqrt{(-2)^2 + 0^2} = 2 > \sqrt{2}$$

$$|D| = |-1 + 0i| = \sqrt{(-1)^2 + 0^2} = 1 < \sqrt{2}$$

$$|E| = |1 + 0i| = \sqrt{1^2 + 0^2} = 1 < \sqrt{2}$$

$$|F| = |\sqrt{2} + 0i| = \sqrt{(\sqrt{2})^2 + 0^2} = \sqrt{2}$$

$$|G| = |-1 - \sqrt{2}i| = \sqrt{(-1)^2 + (-\sqrt{2})^2} = \sqrt{3} > \sqrt{2}$$

$$|H| = |0 - \sqrt{2}i| = \sqrt{0^2 + (-\sqrt{2})^2} = \sqrt{2}$$

$$|O| = |0 + 0i| = \sqrt{0^2 + 0^2} = 0 < \sqrt{2}$$

因此，複數的分類如下：

- 絕對值等於 $\sqrt{2}$ 的複數有 B、F、H
- 絕對值大於 $\sqrt{2}$ 的複數有 C、G
- 絕對值小於 $\sqrt{2}$ 的複數有 A、D、E、O

補充

此問題的分類可表達成，與複數平面上「以原點為中心、半徑為 $\sqrt{2}$ 的圓」的位置關係。

- 絕對值等於 $\sqrt{2}$ 的複數 B、F、H 落在圓周上
- 絕對值大於 $\sqrt{2}$ 的複數 C、G 落在圓的外部
- 絕對值小於 $\sqrt{2}$ 的複數 A、D、E、O 落在圓的內部

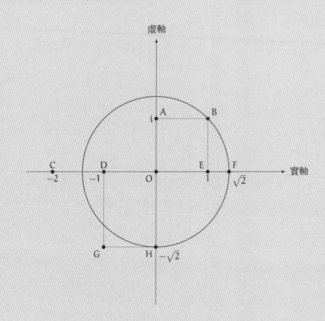

第 3 章的解答

●問題 3-1（複數的乘法）

計算給定的兩數乘積，回答求得的複數實部與虛部。

甲 $1 + 2i$ 和 i

乙 $-\sqrt{2}i$ 和 $\sqrt{2} - i$

丙 $1 + 2i$ 和 $3 - 4i$

丁 $\frac{1}{2}(1 + \sqrt{3}i)$ 和 $\frac{1}{2}(1 - \sqrt{3}i)$

戊 $a + bi$ 和 $c + di$（假設 a、b、c、d 為實數）

■解答 3-1

甲 $1 + 2i$ 和 i

$$
\begin{aligned}
(1 + 2i)i &= i + 2ii \\
&= i - 2 \\
&= -2 + i
\end{aligned}
$$

答：實部 -2、虛部 1

乙 $-\sqrt{2}i$ 和 $\sqrt{2}-i$

$$-\sqrt{2}\,i(\sqrt{2}-i) = -\sqrt{2}\,i\,\sqrt{2}-\sqrt{2}\,i\,(-i)$$
$$= -2i + \sqrt{2}\,ii$$
$$= -2i - \sqrt{2}$$
$$= -\sqrt{2}-2i$$

答：實部 $-\sqrt{2}$、虛部 -2

丙 $1 + 2i$ 和 $3 - 4i$

$$(1+2i)(3-4i) = 1\times(3-4i) + 2i\times(3-4i)$$
$$= 3 - 4i + 6i - 8ii$$
$$= 3 - 4i + 6i - 8i^2$$
$$= 3 - 4i + 6i + 8$$
$$= 11 + 2i$$

答：實部 11、虛部 2

丁 $\frac{1}{2}(1 + \sqrt{3}i)$ 和 $\frac{1}{2}(1 - \sqrt{3}i)$

$$\frac{1}{2}(1+\sqrt{3}i)\,\frac{1}{2}(1-\sqrt{3}i) = \frac{1}{4}(1\times 1 - \sqrt{3}i + \sqrt{3}i - \sqrt{3}\sqrt{3}ii)$$
$$= \frac{1}{4}(1 - 3i^2)$$
$$= \frac{1}{4}(1 + 3)$$
$$= 1$$

答：實部 1、虛部 0

(戊) $a + bi$ 和 $c + di$（假設 a、b、c、d 為實數）

$$
\begin{aligned}
(a + bi)(c + di) &= (a + bi)c + (a + bi)di \\
&= ac + bic + adi + bidi \\
&= ac + bci + adi + bdii \\
&= ac + bci + adi - bd \\
&= (ac - bd) + (ad + bc)i
\end{aligned}
$$

答：實部 $ac - bd$、虛部 $ad + bc$

補充

(丁) 是絕對值為 1、互為複共軛關係的兩數乘積，所以馬上就可知道計算結果為 1。

●問題 3-2（共軛複數的性質）

請從①～⑥當中，選出所有正確的敘述。

- $\bar{z}$ 表示複數 z 的共軛複數

- $|z|$ 表示複數 z 的絕對值

① $\overline{a + bi} = a - bi$　（a、b 為實數）
② $\overline{a - bi} = a + bi$　（a、b 為實數）
③ $\overline{-z} = -\bar{z}$
④ $|\bar{z}| = |z|$
⑤ $\overline{|z|} = |z|$
⑥ $z\bar{z} \geqq 0$

■解答 3-2

①正確。$a + bi$ 的共軛複數是 $a - bi$。

②正確。$a - bi$ 的共軛複數是 $a -(- b)i = a + bi$。

③正確。假設 $z = a + bi$，證明如下：

$$\overline{-z} = \overline{-(a + bi)}$$
$$= \overline{-a - bi}$$
$$= -a + bi$$
$$= -(a - bi)$$
$$= -\bar{z}$$

④正確。假設 $z = a + bi$，則 $|\bar{z}|$ 和 $|z|$ 皆為 $\sqrt{a^2 + b^2}$。

⑤<u>正確</u>。$|z|$ 是實數。假設 r 為實數、$|z| = r + 0i$，則 $\overline{|z|} = \overline{r + 0i} = r - 0i = r = |z|$。一般來說，實數的共軛複數會是自己本身。

⑥<u>正確</u>。假設 a、b 為實數、$z = a + bi$，則
$$z\bar{z} = (a + bi)(a - bi) = a^2 + b^2 \geqq 0 \text{。}$$

<u>答：①、②、③、④、⑤、⑥</u>

補充

若如下定義甲和乙：

甲「將點以原點為中心旋轉 180°」

乙「將點以實軸為對稱軸上下反轉」

則 $\overline{-z} = -\bar{z}$ 表示下面兩敘述等價：

- 先做甲步驟、再做乙步驟、
- 先做乙步驟、在做甲步驟。

另外，$|\bar{z}| = |z|$ 表示即便做了乙步驟，與原點的距離仍維持不變。

●問題 3-3（極式）

請在複數平面上畫出複數甲～庚的點：

甲 絕對值為 1、幅角為 180°的複數

乙 絕對值為 2、幅角為 270°的複數

丙 絕對值為 √2、幅角為 45°的複數

丁 絕對值為 1、幅角為 30°的複數

戊 絕對值為 2、幅角為 30°的複數

己 絕對值為 2、幅角為 − 30°的複數

庚 絕對值為 1、幅角為 120°的複數

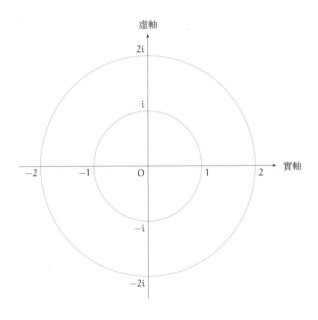

■解答 3-3

答案如下：

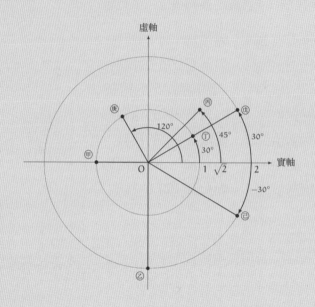

補充

另外，各複數使用實部和虛部表達後，如下：

甲 絕對值為 1、幅角為 180°的複數是 -1

乙 絕對值為 2、幅角為 270°的複數是 $-2i$

丙 絕對值為 $\sqrt{2}$、幅角為 45°的複數是 $1+i$

丁 絕對值為 1、幅角為 30°的複數是 $\frac{1}{2}(\sqrt{3}+i)$

戊 絕對值為 2、幅角為 30°的複數是 $\sqrt{3}+i$

己 絕對值為 2、幅角為 $-30°$的複數是 $\sqrt{3}-i$

㋙絕對值為 1、幅角為 120°的複數是 $\frac{1}{2}(-1+\sqrt{3}\,i)$。

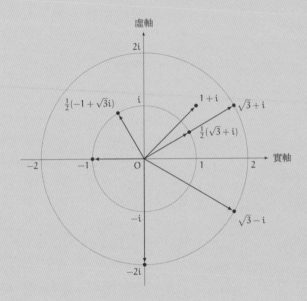

●問題 3-4（二次方程式的根）

已知 a、b、c 是實數、$a \neq 0$ 且 $b^2 - 4ac < 0$，試證關於 x 的二次方程式

$$ax^2 + bx + c = 0$$

其兩根互為複共軛關係。證明過程可使用二次方程式的公式解。

■解答 3-4

根據二次方程式的公式解，$ax^2 + bx + c = 0$ 的兩根為

$$\frac{-b \pm \sqrt{b^2 - 4ac}}{2a}$$

換言之，可得

$$\frac{-b}{2a} + \frac{\sqrt{b^2 - 4ac}}{2a} \qquad 及 \qquad \frac{-b}{2a} - \frac{\sqrt{b^2 - 4ac}}{2a}$$

假設 $D = b^2 - 4ac$ 且 $D < 0$，則

$$\sqrt{b^2 - 4ac} = \sqrt{D} = \sqrt{-D}\,i$$

因為 $-D > 0$，所以 $\sqrt{-D}$ 是實數。令 A、B 為

$$A = \frac{-b}{2a}, \quad B = \frac{\sqrt{-D}}{2a}$$

則 A、B 皆為實數。此時，二次方程式的兩根可表達成

$$A + Bi \qquad 及 \qquad A - Bi$$

因此，兩者互為複共軛關係。

（證明完畢）

另解

假設該二次方程式 $ax^2 + bx + c = 0$ 的其中一根為 α，則 $a\alpha^2 + b\alpha + c = 0$ 成立。然後，將 $\bar{\alpha}$ 代入 $ax^2 + bx + c = 0$ 的 x：

$$a\overline{\alpha}^2 + b\overline{\alpha} + c = a\overline{\alpha^2} + b\overline{\alpha} + c$$
$$= \overline{a\alpha^2} + \overline{b\alpha} + c$$
$$= \overline{a\alpha^2 + b\alpha + c}$$
$$= \overline{0}$$
$$= 0$$

換言之，$\overline{\alpha}$ 也會是二次方程式 $ax^2 + bx + c = 0$ 的根。由判別式 $b^2 - 4ac$ 為負數，可知 α 是複數、$\alpha \neq \overline{\alpha}$。因此，互為複共軛關係的 α 和 $\overline{\alpha}$，正是該二次方程式的兩根。

（證明完畢）

●問題 3-5（極式的表達）

請將 0 以外的複數表達成極式，亦即對於實數 a、b、θ 與正實數 r，下式成立時：

$$a + bi = r(\cos\theta + i\sin\theta)$$

分別使用 a 和 b 表達 r、$\cos\theta$ 與 $\sin\theta$。

■解答 3-5

　　求複數的絕對值：

$$|a + bi| = \sqrt{a^2 + b^2}$$

$$|r(\cos\theta + i\sin\theta)| = r$$

因此，可說

$$r = \sqrt{a^2 + b^2}$$

代入原式後，下式成立：

$$a + bi = \sqrt{a^2 + b^2}(\cos\theta + i\sin\theta)$$

展開右邊，得到

$$a + bi = \sqrt{a^2 + b^2}\cos\theta + i\sqrt{a^2 + b^2}\sin\theta$$

因為兩邊的實部和虛部分別相等，所以

$$a = \sqrt{a^2 + b^2}\cos\theta$$

$$b = \sqrt{a^2 + b^2}\sin\theta$$

根據以上的內容，可得

$$r = \sqrt{a^2 + b^2}$$

$$\cos\theta = \frac{a}{\sqrt{a^2 + b^2}}$$

$$\sin\theta = \frac{b}{\sqrt{a^2 + b^2}}$$

補充

第 2 章提到，0 以外的複數除以其絕對值，能夠取出該複

數的「方向」（p. 92）。其中，表示「方向」的複數實部與虛
部，分別會是 $\cos\theta$ 與 $\sin\theta$。

$$\frac{a+bi}{|a+bi|} = \underbrace{\frac{a}{\sqrt{a^2+b^2}}}_{\cos\theta} + \underbrace{\frac{b}{\sqrt{a^2+b^2}}}_{\sin\theta}\, i = \cos\theta + i\sin\theta$$

第 4 章的解答

●問題 4-1（正 n 角形的頂點）

試求複數平面上，內接單位圓的正 n 角形頂點之一對齊 1 時，n 個頂點的複數。其中，假設 n 為 3 以上的整數，且計算過程可使用三角函數。

■解答 4-1

同 p. 152 的做法，位於頂點的複數幅角是

$$\frac{2\pi k}{n} \qquad (k = 0, 1, 2, \dots, n-1)$$

因此，頂點的複數會是

$$\cos\frac{2\pi k}{n} + i\sin\frac{2\pi k}{n} \qquad (k = 0, 1, 2, \dots, n-1)$$

●問題 4-2（正五角形的頂點）

在複數平面上，內接單位圓的正五角形頂點之一對齊 1 時，假設五個頂點的複數為（圖 A）：

$$\alpha_0 = 1, \quad \alpha_1, \quad \alpha_2, \quad \alpha_3, \quad \alpha_4$$

另外，內接單位圓的正五角形頂點之一對齊 i 時，假設此個頂點的複數為（圖 B）：

$$\beta_0 = i, \quad \beta_1, \quad \beta_2, \quad \beta_3, \quad \beta_4$$

請使用 α_0、α_1、$\cdots\cdots$、α_4 分別表達複數 β_0、β_1、$\cdots\cdots$、β_4。

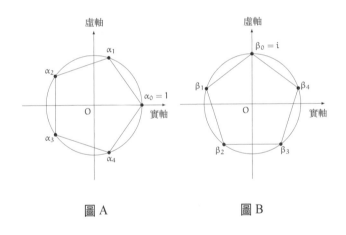

圖 A　　　　　　　　　　圖 B

■解答 4-2

　　圖 B 的正五角形是將圖 A 的正五角形以原點為中心逆時針旋轉 90°的圖形。因此，將圖 A 正五角形的各頂點複數乘上 i，就能夠得到圖 B 正五角形的頂點。

答：$\beta_n = i\alpha_n$ $(n = 0, 1, 2, 3, 4)$

●問題 4-3（頂點的相加）

在正文中，如下求得複數平面上正五角形的五個頂點複數：

$$\begin{cases} \alpha_0 = 1 \\ \alpha_1 = \dfrac{-1+\sqrt{5}}{4} + i\dfrac{\sqrt{10+2\sqrt{5}}}{4} \\ \alpha_2 = \dfrac{-1-\sqrt{5}}{4} + i\dfrac{\sqrt{10-2\sqrt{5}}}{4} \\ \alpha_3 = \dfrac{-1-\sqrt{5}}{4} - i\dfrac{\sqrt{10-2\sqrt{5}}}{4} \\ \alpha_4 = \dfrac{-1+\sqrt{5}}{4} - i\dfrac{\sqrt{10+2\sqrt{5}}}{4} \end{cases}$$

試求這五個複數的總和：

$$\alpha_0 + \alpha_1 + \alpha_2 + \alpha_3 + \alpha_4$$

■解答 4-3

複數 α_1、α_2、α_3、α_4 可如下書寫：

$$\alpha_1 = -\frac{1}{4} + \frac{\sqrt{5}}{4} + i\frac{\sqrt{10+2\sqrt{5}}}{4}$$

$$\alpha_2 = -\frac{1}{4} - \frac{\sqrt{5}}{4} + i\frac{\sqrt{10-2\sqrt{5}}}{4}$$

$$\alpha_3 = -\frac{1}{4} - \frac{\sqrt{5}}{4} - i\frac{\sqrt{10-2\sqrt{5}}}{4}$$

$$\alpha_4 = -\frac{1}{4} + \frac{\sqrt{5}}{4} - i\frac{\sqrt{10+2\sqrt{5}}}{4}$$

加號 **+** 和負號 **−** 相互抵銷後，五個頂點的總和會是

$$\alpha_0 + \alpha_1 + \alpha_2 + \alpha_3 + \alpha_4 = 1 - \frac{1}{4} - \frac{1}{4} - \frac{1}{4} - \frac{1}{4}$$
$$= 0$$

答：0

另解 1

　　將複數 α_0、α_1、α_2、α_3、α_4 分別想成平面向量，如下頁的上圖左平移到上圖右後，從某一向量出發經過五個向量，會繞一圈回到原點。所以向量的相加後變成零向量，複數的總和為 0。

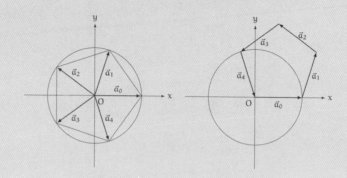

答：0

另解 2

考量圖形的對稱性，內接於中心為原點的圓的正五角形，其重心會是圓的中心，也就是原點。正五角形的重心是

$$\frac{\alpha_0 + \alpha_1 + \alpha_2 + \alpha_3 + \alpha_4}{5}$$

因為重心即為原點，所以下式成立：

$$\frac{\alpha_0 + \alpha_1 + \alpha_2 + \alpha_3 + \alpha_4}{5} = 0$$

因此，得到

$$\alpha_0 + \alpha_1 + \alpha_2 + \alpha_3 + \alpha_4 = 0$$

答：0

另解 3

　　由 p. 158 可知，α_1 是四次方程式 $z^4 + z^3 + z^2 + z + 1 = 0$ 的其中一根。因此，下式成立：

$$\alpha_1^4 + \alpha_1^3 + \alpha_1^2 + \alpha_1 + 1 = 0$$

因為

$$\alpha_1^2 = \alpha_2, \quad \alpha_1^3 = \alpha_3, \quad \alpha_1^4 = \alpha_4$$

所以

$$\alpha_4 + \alpha_3 + \alpha_2 + \alpha_1 + 1 = 0$$

又 $\alpha_0 = 1$，因此

$$\alpha_4 + \alpha_3 + \alpha_2 + \alpha_1 + \alpha_0 = \alpha_0 + \alpha_1 + \alpha_2 + \alpha_3 + \alpha_4$$
$$= 0$$

答：0

●問題 4-4（共軛複數①）

已知 a、b、c 為實數且 $a \neq 0$，二次方程式

$$ax^2 + bx + c = 0$$

具有兩個根 α、β（重根時 $\alpha = \beta$）。此時可說 $\overline{\alpha} = \beta$ 嗎？

■解答 4-4

不行。

（證明）反例是 $a=1$、$b=-3$、$c=2$。二次方程式 $x^2-3x+2=0$ 的兩根是 1 和 2。令

$$\alpha=1, \quad \beta=2$$

則

$$\overline{\alpha}=\overline{1}=1\neq 2=\beta$$

所以

$$\overline{\alpha}\neq\beta$$

（證明完畢）

補充

- 二次方程式的根是相異的兩實數時，$\overline{\alpha}\neq\beta$
- 二次方程式的根是單一實數（重根）時，$\overline{\alpha}=\beta$
- 二次方程式的根是互為複共軛關係的兩虛數，$\overline{\alpha}=\beta$

●問題 4-5（共軛複數②）

已知 a、b、c 為實數且 $a \neq 0$。複數 β 滿足下式時，

$$a\beta^2 + b\beta + c = 0$$

可說 β 的共軛複數 $\overline{\beta}$ 滿足下式嗎？

$$a\overline{\beta}^2 + b\overline{\beta} + c = 0$$

■解答 4-5

可以。

（證明）假設「若 $a\beta^2 + b\beta + c = 0$，則 $a\overline{\beta}^2 + b\overline{\beta} + c = 0$」為命題 P。

$\underline{\beta \text{ 為實數時}}$，因為 $\overline{\beta} = \beta$，所以命題 P 成立。

$\underline{\beta \text{ 為虛數時}}$，由二次方程式的公式解，若 β 是二次方程式的根，則 $\overline{\beta}$ 是另外一個根。由此可知，P 成立。

因此，對於複數 β，命題 P 成立。（證明完畢）

補充

請注意問題 4-4 和問題 4-5 的差異。

對於二次方程式 $ax^2 + bx + c = 0(a \neq 0)$，$D = b^2 - 4ac$ 稱為二次方程式的判別式（判別式是二次方程式公式解中，出現在 $\sqrt{}$ 裡頭的式子）。

根據判別式 D 的正負，二次方程式的根會是下述其中一種情況：

$D > 0$ 的時候　根會是相異的兩實數

$D = 0$ 的時候　根會是單一實數（重根）

$D < 0$ 的時候　根會是相異的兩虛數（共軛複數）

在複數平面上，根的情況如下：

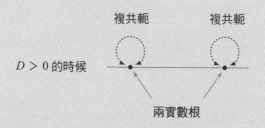

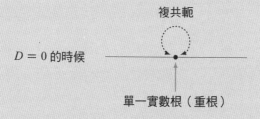

　　問題 4-4 為「兩相異根是否互為複共軛關係？」如圖所示，
僅 $D < 0$ 的時候，「兩相異根互為複共軛關係」。

　　問題 4-5 為「其中一根的共軛複數是否也為根？」如圖所
示，無論任何情況，「其中一根的共軛複數也為根」。

第 5 章的解答

●問題 5-1（i、j、k 的計算）

在正文中，米爾迦提到：「也可說 $kj = -i$、$ik = -j$。」（p. 229）試證 i、j、k 真的可以滿足數學式。

■解答 5-1

$$
\begin{aligned}
kj &= k(ki) & &\text{因為 } ki = j \\
&= (kk)i & &\text{由結合律得到} \\
&= (k^2)i & &\text{因為 } kk = k^2 \\
&= (-1)i & &\text{因為 } k^2 = -1 \\
&= -i &
\end{aligned}
$$

$$
\begin{aligned}
ik &= i(ij) & &\text{因為 } ij = k \\
&= (ii)j & &\text{由結合律得到} \\
&= (i^2)j & &\text{因為 } ii = i^2 \\
&= (-1)j & &\text{因為 } i^2 = -1 \\
&= -j &
\end{aligned}
$$

補充

$kj = -i$ 和 $ik = -j$ 的計算，也可由「我」在 p. 229 推導 $ji = -k$ 的過程中，有規則地替換計算文字來推導。

$$ji = j(jk) \qquad \text{因為}\, jk = i$$
$$= (jj)k \qquad \text{由結合律得到}$$
$$= (j^2)k \qquad \text{因為}\, jj = j^2$$
$$= (-1)k \qquad \text{因為}\, j^2 = -1$$
$$= -k$$

換言之，kj 的推導可如下替換：

$$
\begin{array}{ccc}
i & j & k \\
\downarrow & \downarrow & \downarrow \\
j & k & i
\end{array}
$$

ik 的推導可如下替換：

$$
\begin{array}{ccc}
i & j & k \\
\downarrow & \downarrow & \downarrow \\
k & i & j
\end{array}
$$

●問題 5-2（表達四元數的複數矩陣乘積）

試著將「我」在正文（p. 248）中提到的下述計算，複數 α_1、β_1、α_2、β_2 作成的複數矩陣乘積

$$\begin{pmatrix} \alpha_1 & -\beta_1 \\ \overline{\beta_1} & \overline{\alpha_1} \end{pmatrix} \begin{pmatrix} \alpha_2 & -\beta_2 \\ \overline{\beta_2} & \overline{\alpha_2} \end{pmatrix}$$

推導成

$$\begin{pmatrix} \alpha & -\beta \\ \overline{\beta} & \overline{\alpha} \end{pmatrix}$$

此時，兩複數 α、β 請用複數 α_1、β_1、α_2、β_2 及其共軛複數 $\overline{\alpha_1}$、$\overline{\beta_1}$、$\overline{\alpha_2}$、$\overline{\beta_2}$ 來表示。

■解答 5-2

對於複數 α、β，已知

$$\overline{\alpha + \beta} = \overline{\alpha} + \overline{\beta} \qquad 及 \qquad \overline{\alpha\beta} = \overline{\alpha}\,\overline{\beta}$$

推導過程為

$$\begin{pmatrix} \alpha_1 & -\beta_1 \\ \overline{\beta_1} & \overline{\alpha_1} \end{pmatrix} \begin{pmatrix} \alpha_2 & -\beta_2 \\ \overline{\beta_2} & \overline{\alpha_2} \end{pmatrix} = \begin{pmatrix} \alpha_1\alpha_2 - \beta_1\overline{\beta_2} & -(\alpha_1\beta_2 + \beta_1\overline{\alpha_2}) \\ \overline{\alpha_1}\overline{\beta_2} + \overline{\beta_1}\alpha_2 & \overline{\alpha_1}\overline{\alpha_2} - \overline{\beta_1}\beta_2 \end{pmatrix}$$

$$= \begin{pmatrix} \alpha_1\alpha_2 - \beta_1\overline{\beta_2} & -(\alpha_1\beta_2 + \beta_1\overline{\alpha_2}) \\ \overline{\alpha_1\beta_2 + \beta_1\overline{\alpha_2}} & \overline{\alpha_1\alpha_2 - \beta_1\overline{\beta_2}} \end{pmatrix}$$

其中，假設 $\alpha = \alpha_1\alpha_2 - \beta_1\overline{\beta_2}$ 和 $\beta = \alpha_1\beta_2 + \beta_1\overline{\alpha_2}$，則可知下式成立：

$$\begin{pmatrix} \alpha_1 & -\beta_1 \\ \beta_1 & \overline{\alpha_1} \end{pmatrix} \begin{pmatrix} \alpha_2 & -\beta_2 \\ \beta_2 & \overline{\alpha_2} \end{pmatrix} = \begin{pmatrix} \alpha_1\alpha_2 - \beta_1\overline{\beta_2} & -(\alpha_1\beta_2 + \beta_1\overline{\alpha_2}) \\ \overline{\alpha_1\beta_2 + \beta_1\overline{\alpha_2}} & \overline{\alpha_1\alpha_2 - \beta_1\overline{\beta_2}} \end{pmatrix}$$

$$= \begin{pmatrix} \alpha & -\beta \\ \beta & \overline{\alpha} \end{pmatrix}$$

●**問題 5-3**（四元數的共軛與絕對值）

已知 a、b、c 是實數，對於四元數 $q = a + bi + cj + dk$，四元數 q 的**共軛** $\overline{q}$ 定義為

$$\overline{q} = \overline{a + bi + cj + dk} = a - bi - cj - dk$$

另外，四元數 q 的**絕對值** $|q|$ 定義為

$$|q| = |a + bi + cj + dk| = \sqrt{a^2 + b^2 + c^2 + d^2}$$

請證明對於四元數 q，下式成立：

$$q\overline{q} = |q|^2$$

■**解答 5-3**

（證明）

注意下述幾點，計算 $q\overline{q}$。

- 實數之間能夠做乘法交換
- 實數與 i、j、k 之間能夠做乘法交換

- i、j、k 之間乘法交換後，正負號反轉；
- $i^2 = -1$、$j^2 = -1$、$k^2 = -1$ 成立。

$$q\overline{q} = (a + bi + cj + dk)\overline{(a + bi + cj + dk)}$$

$$= (a + bi + cj + dk)(a - bi - cj - dk)$$

$$= a(a - bi - cj - dk) + bi(a - bi - cj - dk)$$

$$+ cj(a - bi - cj - dk) + dk(a - bi - cj - dk)$$

$$
\begin{aligned}
= \quad & (a)(a) \; + \; (a)(-bi) \; + \; (a)(-cj) \; + \; (a)(-dk) \\
& + (bi)(a) \; + \; (bi)(-bi) \; + \; (bi)(-cj) \; + \; (bi)(-dk) \\
& + (cj)(a) \; + \; (cj)(-bi) \; + \; (cj)(-cj) \; + \; (cj)(-dk) \\
& + (dk)(a) \; + \; (dk)(-bi) \; + \; (dk)(-cj) \; + \; (dk)(-dk)
\end{aligned}
$$

$$
\begin{aligned}
= \quad & aa \; - \; abi \; - \; acj \; - \; adk \\
& + abi \; - \; bbii \; - \; bcij \; - \; bdik && \text{乘法交換} \\
& + acj \; - \; bcji \; - \; ccjj \; - \; cdjk && \text{乘法交換} \\
& + adk \; - \; bdki \; - \; cdkj \; - \; ddkk && \text{乘法交換}
\end{aligned}
$$

$$
\begin{aligned}
= \quad & aa \; - \; abi \; - \; acj \; - \; adk \\
& + abi \; - \; bbi^2 \; - \; bcij \; - \; bdik \\
& + acj \; + \; bcij \; - \; ccj^2 \; - \; cdjk && \text{正負號反轉} \\
& + adk \; + \; bdik \; + \; cdjk \; - \; ddk^2 && \text{正負號反轉}
\end{aligned}
$$

$$
\begin{aligned}
= \quad & aa \; - \; \cancel{abi} \; - \; \cancel{acj} \; - \; \cancel{adk} \\
& + \cancel{abi} \; + \; bb \; - \; \cancel{bcij} \; + \; \cancel{bdik} && \text{因 } i^2 = -1 \\
& + \cancel{acj} \; + \; \cancel{bcij} \; + \; cc \; - \; \cancel{cdjk} && \text{因 } j^2 = -1 \\
& + \cancel{adk} \; + \; \cancel{bdik} \; + \; \cancel{cdjk} \; + \; dd && \text{因 } k^2 = -1
\end{aligned}
$$

$$= aa + bb + cc + dd$$

$$= \left(\sqrt{a^2 + b^2 + c^2 + d^2}\right)^2$$

$$= |a + bi + cj + dk|^2$$

$$= |q|^2$$

因此，下式成立：

$$q\overline{q} = |q|^2$$

（證明完畢）

獻給想要深入思考的您

接下來將提出全然不同的研究題目，獻給除了本書的數學對談，還想要更加深入思考的您。本書不會提供相關解答，而且標準答案不只一個。

請試著自己解題，或者找尋同伴一起來仔細思考。

第 1 章　直線上的來回

●研究問題 1-X1（負數×負數）
在第 1 章中，以下述觀點整理了「正負數的乘法」。

- 相同正負號的兩數相乘，還是相異正負號的兩數相乘（p. 4）
- 乘上正數，還是乘上負數（p. 18）

若是你，會怎麼整理正負數的乘法呢？

●研究問題 1-X2（圖形的交點）
第 1 章畫了拋物線 $y = x^2 - x$ 和 x 軸，討論「平方後不變的數」（p. 27）。請試著畫出拋物線 $y = x^2$ 和直線 $y = x$，討論相同的問題。

●研究問題 1-X3（連結兩條數線）
在以兩條數線連結表示實數的平方時，由梨說：「連線變得相當混亂！」而放棄以直線連結（p. 24）。若是沒有放棄，會變成什麼樣的圖形呢？

●研究問題 1-X4（(－ 1)×(－ 1)＝ 1）

承認幾個運算法則後，就能夠推導出(－ 1)×(－ 1)＝ 1。試著詳細調查下述的式子變形，討論各個步驟使用了什麼運算法則。

$$\downarrow$$
$$(-1) \times 0 = 0$$
$$\downarrow$$
$$(-1) \times ((-1) + 1) = 0$$
$$\downarrow$$
$$(-1) \times (-1) + (-1) \times 1 = 0$$
$$\downarrow$$
$$(-1) \times (-1) + (-1) = 0$$
$$\downarrow$$
$$(-1) \times (-1) + (-1) + 1 = 0 + 1$$
$$\downarrow$$
$$(-1) \times (-1) + 0 = 1$$
$$\downarrow$$
$$(-1) \times (-1) = 1$$

第 2 章　平面上的移動

●研究問題 2-X1（虛數的大小關係）

第 2 章提到，複數的大小關係無法定義（p. 65）。對此，某人提出如下的想法，你覺得這樣的看法如何呢？

i 和 0 的大小關係或許無法定義，但 $2 + i$ 和 $1 + i$ 的大小關係可以定義，因為 $(2 + i) - (1 + i) > 0$，所以

$$(2+i) - (1+i) > 0$$

兩邊加上 $1 + i$，則

$$2+i > 1+i \qquad （?）$$

●研究問題 2-X2（辭書式順序）

第 2 章提到，複數的大小關係無法定義（p. 65）。對此，某人提出如下的想法，你覺得這樣的看法如何呢？

對於兩相異複數 $a + bi$ 和 $c + di$，定義

- 在實部相異的複數之間，實部大者的複數「較大」
- 在實部相等的複數之間，虛部大者的複數「較大」

換言之，如下定義：

$$a + bi < c + di \Leftrightarrow a < c \text{ 或者 } (a = c \text{ 且 } b < d)$$

●研究問題 2-X3（矩陣相等）

第 2 章定義了複數的相等（p. 63）。試著比較該定義與矩陣相等的定義*，找出有哪些地方相似。

---

*參見《數學女孩秘密筆記：矩陣篇》的第 1 章。

●研究問題 2-X4（分數表徵的有理數相等）

第 2 章定義了複數的相等（p. 63）。試著用一樣的方式討論分數表徵的有理數，也就是假設 a、b、c、d 為整數且 $b \neq 0$、$d \neq 0$，使用 a、b、c、d 定義下式何時成立：

$$\frac{a}{b} = \frac{c}{d}$$

其中，定義過程不可使用除法、分數。

●研究問題 2-X5（複數平面）

在第 2 章中，畫出了實軸和虛軸垂直相交的複數平面。實軸和虛軸能夠不垂直相交地建立複數平面嗎？另外，實軸和虛軸能夠改成曲線嗎？請自由地思考看看。

第 3 章　水面上的星辰倒影

●研究問題 3-X1（共軛複數）

反轉複數 $a + bi$ 虛部的正負號後，得到的共軛複數 $a - bi$ 具備了各種有趣的性質。那麼，反轉實部的複數 $-a + bi$，也會具備有趣的性質嗎？請自由地思考看看。

●研究問題 3-X2（複數係數的二次方程式）

第 2 章假設 A 為實數，討論了二次方程式 $x^2 = A$。那麼，假設 A 為複數時，該怎麼求滿足 $x^2 = A$ 的 x 呢？請思考看看。

●研究問題 3-X3（複數的乘法與相似）

在複數平面上決定兩複數 α、β 的點，並假設 $\alpha \neq 0$、$\alpha \neq 1$、$\beta \neq 0$、$\beta \neq 1$。試證「原點和兩複數 1、α 形成的三角形 A」與「原點和兩複數 β、$\alpha\beta$ 形成的三角形 B」相似。

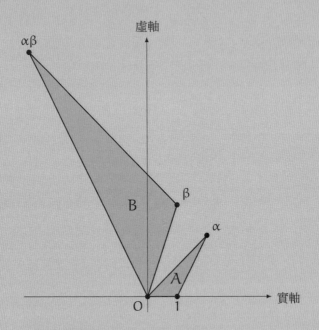

另外，試著思考當複數 z 為複數平面上三角形 A 的邊內部的點時，複數 $z\beta$ 落在複數平面上的什麼地方。

第 4 章　建立五角形

●研究問題 4-X1（正一角形與正二角形）

問題 4-1 求了正 n 角形頂點的複數（p. 201）。雖然問題 4-1 限定 n 為 3 以上的整數，但我們也試著思考看看 $n = 1$ 和 $n = 2$ 的情況吧，也就是討論正一角形與正二角形。

●研究問題 4-X2（正三角形、正方形、正六角形）

在第 4 章中，計算了正五角形的頂點。同樣地，試著來計算正三角形、正方形、正六角形的頂點。

●研究問題 4-X3（正 n 角形）

在複數平面上，對於任意正整數 n，都能夠以三角函數表達正 n 角形的頂點。那麼，對於任意正整數 n，都能夠以 $\sqrt{\ }$ 代替三角函數表達頂點嗎？

●研究問題 4-X4（n 次方程式與共軛複數）

問題 4-5 討論了，若 β 是二次方程式的根，則 $\overline{\beta}$ 是否也為其中一根（p. 204）。那麼，試著討論 n 次方程式的一般式（n 是正整數）。

假設 a_0、a_1、……、a_n 為實數且 $a_n \neq 0$，則複數 β 滿足下式

$$a_n \beta^n + a_{n-1} \beta^{n-1} + \cdots + a_1 \beta + a_0 = 0$$

時，β 的共軛複數 $\overline{\beta}$ 會滿足下式嗎？

$$a_n \overline{\beta}^n + a_{n-1} \overline{\beta}^{n-1} + \cdots + a_1 \overline{\beta} + a_0 = 0$$

●研究問題 4-X5（棣美弗公式）

試證對於任意整數 n，下式成立：

$$(\cos \theta + i \sin \theta)^n = \cos n\theta + i \sin n\theta$$

提示：$n = 2$ 的時候，在第 3 章的 $z_1 z_2$ 推導（p. 116）中，代入 $z_1 = z_2 = \cos \theta + i \sin \theta$ 就能夠證明。

第 5 章　三維數與四維數

●研究問題 5-X1（式子的形式）

在第 5 章中，蒂蒂關注下式中出現的 $ad + bc$。

$$(a, b)(c, d) = (ac - bd, ad + bc)$$

然後，注意到跟 $ad - bc$ 相似，進而討論 $\begin{pmatrix} a & b \\ c & d \end{pmatrix}$ 的行列式（p. 236）。關於這邊出現的式子 $ac - bd$ 和 $ad + bc$，您也試著自由地思考看看。

●研究問題 5-X2（複數的運算法則）

在第 3 章中，蒂蒂進行了 $(a + bi)(c + di)$ 的計算（p. 104）。

$$\begin{aligned}
(a + bi)(c + di) &= (a + bi)c + (a + bi)di & \text{①} \\
&= ac + bic + adi + bidi & \text{②} \\
&= ac + bci + adi + bdii & \text{③} \\
&= ac + bci + adi - bd & \text{④} \\
&= (ac - bd) + (ad + bc)i & \text{⑤}
\end{aligned}$$

在①～⑤的各步驟中，分別運用到複數的什麼法則（有些步驟用到的法則不只一個）？「複數的運算法則」請參照 p. 224。

●研究問題 5-X3（i 和 j）

在第 5 章中，蒂蒂討論了對應虛數單位 i 的矩陣（p. 238）：

$$\begin{pmatrix} 0 & -1 \\ 1 & 0 \end{pmatrix}$$

然而，在 p. 249 中，該矩陣卻不是對應 i 而是對應 j。

$$E = \begin{pmatrix} 1 & 0 \\ 0 & 1 \end{pmatrix} \quad I = \begin{pmatrix} i & 0 \\ 0 & -i \end{pmatrix} \quad J = \begin{pmatrix} 0 & -1 \\ 1 & 0 \end{pmatrix} \quad K = \begin{pmatrix} 0 & -i \\ -i & 0 \end{pmatrix}$$

$$
\begin{array}{ccccccc}
aE & + & bI & + & cJ & + & dK \\
\updownarrow & & \updownarrow & & \updownarrow & & \updownarrow \\
a & + & bi & + & cj & + & dk
\end{array}
$$

兩者的差異發生在什麼地方？另外，這會造成什麼樣的問題呢？

●研究問題 5-X4（四元群）

已知存在由相異 8 個元素組成的集合 Q_8：

$$Q_8 = \{\ e\,,\ i\,,\ j\,,\ k\,,\ E\,,\ I\,,\ J\,,\ K\ \}$$

然後，對於該集合 Q_8，以運算表定義二元運算 ＊。運算表的各空欄 ▢ 分別填入 Q_8 的元素，但表格並未全部填滿。

＊	e	i	j	k	E	I	J	K
e	e	i	j	k	E				
i	i	E	k		I				
j	j		E	i	J				
k	k	j		E	K				
E	E	I	J	K	e				
I									
J									
K									

運算表

例如，根據此運算表，可知

$$i * j = k$$

和

$$k * E = K$$

假設二元運算 ＊ 滿足結合律的時候，也會滿足交換律嗎？另外，運算表能夠不產生矛盾地填滿空欄嗎？

補充

例如，由如下的計算可知 $\boxed{\text{e}} * \boxed{\text{K}} = \boxed{\text{K}}$ 。

$\boxed{\text{e}} * \boxed{\text{K}} = \boxed{\text{e}} * (\boxed{\text{E}} * \boxed{\text{k}})$　　因為由運算表可知 $\boxed{\text{K}} = \boxed{\text{E}} * \boxed{\text{k}}$

$= (\boxed{\text{e}} * \boxed{\text{E}}) * \boxed{\text{k}}$　　由結合律得到

$= \boxed{\text{E}} * \boxed{\text{k}}$　　因為由運算表可知 $\boxed{\text{e}} * \boxed{\text{E}} = \boxed{\text{E}}$

$= \boxed{\text{K}}$　　因為由運算表可知 $\boxed{\text{E}} * \boxed{\text{k}} = \boxed{\text{K}}$

※ $(Q_8, *)$ 稱為四元群（quaternion group）。

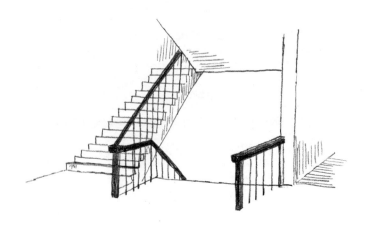

●研究問題 5-X5(「n 維數」)

在第 5 章的附錄:擴張複數的「三維數」為複數的證明(p. 253),證明了擴張複數的數結果仍舊是複數。

$$a + bi + cj$$

我們試著一般化,也就是對於正整數 n,討論表達成下式的數:

$$a_1 i_1 + a_2 i_2 + a_3 i_3 + \cdots + a_n i_n$$

證明假設複數的運算法則(p. 224)成立時,這個數仍舊是複數($n = 1$ 時為實數)。其中,已知

- a_k 為實數($k = 1, 2, 3, ..., n$)
- $i_1 = 1$
- $i_2 = i$(虛數單位)
- i_3、i_4、……、i_n 為表示新數的文字

後記

大家好，我是結城浩。

感謝各位閱讀《數學女孩秘密筆記：複數篇》。

本書圍繞著多種話題展開，內容包含實數的計算與數線、複數的計算與複數平面、共軛複數與方程式的根、正五角形與三角函數、哈密頓的四元數與矩陣等等。各位是否與女孩們一同愉快體驗了「複數的擴張」呢？

《數學女孩秘密筆記》系列，是以平易近人的數學為題材，描述國高中生們歡談數學的故事。

這些角色亦活躍於另一個系列《數學女孩》，這是以更深廣的數學為題材的青春校園故事。

請繼續支持《數學女孩》與《數學女孩秘密筆記》這兩個系列。

日文原書使用 $\mathrm{\LaTeX\,2_\varepsilon}$ 與 Euler Font（AMS Euler）排版。排版參考了奧村晴彥老師所作的《$\mathrm{\LaTeX\,2_\varepsilon}$美文書作成入門》，繪圖則使用OmniGraffle、TikZ、TEX2img等軟體作成，在此表示感謝。

感謝下列各位與許多不具名的人們，閱讀執筆中的原稿，提供給我寶貴的意見。當然，本書中若有錯誤皆為我的疏失，並非他們的責任。

安福智明、安部哲哉、井川悠祐、石宇哲也、
稻葉一浩、上原隆平、植松弥公、岡內孝介、
鏡弘道、梶田淳平、木村巖、郡茉友子、
杉田和正、某科學家先生、中山琢、
西尾雄貴、藤田博司、
梵天結鳥（medaka-college）、前原正英、
增田菜美、松森至宏、三河史弥、村井建、
森木達也、矢島治臣、山田泰樹。

感謝 SB Creative 的野哲喜美男總編輯，一直以來負責《數學女孩秘密筆記》與《數學女孩》兩個系列。

感謝 cakes 網站的加藤貞顯先生。

感謝協助我執筆的各位同仁。

感謝我最愛的妻子與孩子們。

感謝各位閱讀本書到最後。

那麼，在下一本「數學女孩秘密筆記」再會吧！

結城浩

參考文獻與書籍推薦

[1]　結城浩，《數學女孩秘密筆記：向量篇》，世茂，ISBN：9789869425117，2017 年。

　　　透過對話學習向量基礎的讀物。（與本書相關的內容：包含「方向」計算、複數加法、三角函數等等）

[2]　結城浩，《數學女孩秘密筆記：圓圓的三角函數篇》，世茂，ISBN：9789865779955，2015 年。

　　　透過對話學習三角函數基礎的讀物。（與本書相關的內容：包含單位圓、sin 函數與 cos 函數、旋轉矩陣、向量等等）

[3]　結城浩，《數學女孩秘密筆記：矩陣篇》，世茂，ISBN：9789865408190，2020 年。

　　　透過對話學習矩陣基礎的讀物。（與本書相關的內容：包含矩陣的四則運算、零矩陣、單位矩陣、零因子、旋轉矩陣、行列式、複數的矩陣表達等等）

[4]　結城浩，《數學女孩：費馬最後定理》，世茂，ISBN：9789866097010，2011 年。

　　　《數學女孩》系列的第二冊，講述探求整數「真實樣貌」的故事。（與本書相關的內容：包含複數的加法與乘法、的旋轉、時鐘循環）

[5]　結城浩，《數學女孩：隨機演算法》，世茂，ISBN：9789866097898，2013 年。

　　　《數學女孩》系列的第四冊，講述以機率論探求隨機

選擇的「隨機演算法」可能性的故事。（與本書相關
的內容：矩陣）

[6] 結城浩，《數學女孩：伽羅瓦理論》，世茂，ISBN：
9789865779450，2014 年。

《數學女孩》系列的第五冊，講述以夭折青年為開端
的群論與現代代數學基礎的故事。（與本書相關的內
容：包含方程式的公式解、根與係數的關係、三等分
角問題、對稱式、尺規作圖問題、體擴張、1 的 n 次
方根與正 n 角形）

[7] 矢野健太郎，《角の三等分》，筑摩書房（Tikuma 學藝文
庫），ISBN：9784480090034，2006 年。

關於「三等分角問題」無法有限次使用尺規作圖的讀
物。（與本書相關的內容：包含三等分角問題、尺規
作圖問題）

[8] J.H.Conway ＋ R.K. Guy，《The book of Numbers》，Cop-
emicus，ISBN：9780387979939，1995 年。

解說各種數與其性質的讀物。（參考了哈密頓的四元
數）

[9] 志賀浩二，《複素数 30 講》，朝倉書店，ISBN：978425
4114812，1989 年。

一步步簡單認識複數的數學書。〔本書第 5 章的附錄
（p. 253），參考了擴張複數的『三維數』為複數的證
明〕

[10] 矢野忠，《四元数の発見》，海鳴社，ISBN：97848752
53143，2014 年。

講述四元數的發現經過，處理四元數與空間旋轉關係
的數學書。（參考了哈密頓的「三元數」處理）

[11] 足立恆雄，《数——体系と歷史——》，朝倉書店，
ISBN：9784254110883，2002 年。

　　　　一面追尋數的體系，一面著反覆觸及數學主要概念的
數學書。

[12] TimothyGowers ＋ June Barrow-Green ＋ Imre Leader 編，
《The Princeton Companion to Mathematics》，Princeton
University，ISBN：9780691118802，2008 年。

　　　　廣範圍解說數學各個領域的事典。〔第 5 章後半的內
容，參考了「四元數、八元數、賦範斜體」（pp.
307-311）〕

[13] 松坂和夫，《代數系入門》，岩波書店，ISBN：
978400029873-5，2018 年。

　　　　代書學的教科書。〔參考了複數整體、四元數的構成
與四元群（p. 326）〕

[14] 梅田亨，《代数の考え方》，日本廣播出版協會，ISBN：
9784595312175，2010 年。

　　　　代數學的教科書。（參考了複平面與複數平面等用
語）

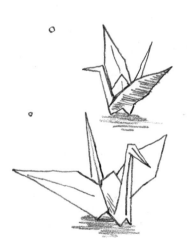

索引

國家圖書館出版品預行編目（CIP）資料

數學女孩秘密筆記.複數篇／結城浩作；衛宮紘
譯.-- 初版.-- 新北市：世茂出版有限公司，
2022.02
　　　面；　公分.--（數學館；41）
　　　ISBN 978-986-5408-74-9（平裝）

　1.數學　2.通俗作品

310　　　　　　　　　　　　110019705

數學館 41

數學女孩秘密筆記 複數篇

作　　　者／結城浩
譯　　　者／衛宮紘
主　　　編／楊鈺儀
責任編輯／陳美靜
封面設計／李芸
出 版 者／世茂出版有限公司
地　　　址／（231）新北市新店區民生路 19 號 5 樓
電　　　話／（02）2218-3277
傳　　　真／（02）2218-3239（訂書專線）單次郵購總金額未滿 500 元 (含)，請加 80 元掛號費
劃撥帳號／19911841
戶　　　名／世茂出版有限公司
世茂網站／www.coolbooks.com.tw
排版製版／辰皓國際出版製作有限公司
印　　　刷／世和彩色印刷有限公司
初版一刷／2022 年 2 月
Ｉ Ｓ Ｂ Ｎ／978-986-5408-74-9
定　　　價／420 元